U0392039

丛书编审委员会

主　　任：冯为远

副主任：李　胡　　葛步云　　刘新林　　谢晓红

成　　员：李志强　　王少华　　王吉华　　李鸿飞　　樊力荣　　熊野芒

　　　　　马庆涛　　陈锐群　　王学渊　　宋爱华　　陈令平　　刘碧云

　　　　　李　明　　邱泽伟　　豆红波　　周裕举　　李淑宝　　陈裕银

　　　　　刘文利　　曾雅雅

国家中等职业教育改革发展示范学校建设项目系列教材

公差配合与技术测量

陈冬梅　彭惟珠　主编

潘焯成　石　榴　江杰培　副主编

谢晓红　主审

化学工业出版社

·北京·

本书根据"校企双制，工学结合"人才培养模式的要求，以岗位技能要求为标准，以典型工作任务为载体来组织编写的。主要内容包括：公差与配合的基础知识、技术测量基础常识、产品质量控制技术、零件尺寸的测量、形位误差的测量、螺纹及齿轮的测量、表面粗糙度的检测、高、精测量设备的应用等。

　　本书突出职业教育的特点，突出公差配合与技术测量在实际工作中的应用，强调实用性和先进性。全书概念清晰，通俗易懂，便于组织课堂教学、实践及学生自学。

　　本书可作为中等职业技术学校相关专业的教材，也可作为机械企业质检员岗位培训的教材。

图书在版编目（CIP）数据

公差配合与技术测量/陈冬梅，彭惟珠主编 .—北京：化学工业出版社，2013.8（2023.3 重印）

国家中等职业教育改革发展示范学校建设项目系列教材

ISBN 978-7-122-17758-2

Ⅰ.①公…　Ⅱ.①陈…②彭…　Ⅲ.①公差-配合-中等专业学校-教材②技术测量-中等专业学校-教材　Ⅳ.①TG801

中国版本图书馆 CIP 数据核字（2013）第 137748 号

责任编辑：廉　静	文字编辑：云　雷
责任校对：陶燕华	装帧设计：刘丽华

出版发行：化学工业出版社（北京市东城区青年湖南街 13 号　邮政编码 100011）

印　　装：涿州市般润文化传播有限公司

787mm×1092mm　1/16　印张 12¼　字数 301 千字　2023 年 3 月北京第 1 版第 6 次印刷

购书咨询：010-64518888　　售后服务：010-64518899

网　　址：http://www.cip.com.cn

凡购买本书，如有缺损质量问题，本社销售中心负责调换。

定　　价：39.80 元

序

中等职业教育是我国教育体系的重要组成部分，是全面提高国民素质、增强民族产业发展实力、提升国家核心竞争力、构建和谐社会以及建设人力资源强国的基础性工程。

广东省机械高级技工学校是国家级重点技工院校，是广东省人民政府主办、省人力资源和社会保障厅直属的事业单位，是首批国家中等职业院校改革发展示范项目建设院校、也是国家高技能人才培训基地、首批全国技工院校师资培训基地、第42届世界技能大赛模具制造项目全国集训基地、一体化教学改革试点学校。多年来，该校锐意进取、与时俱进，坚持深化改革、提高质量、办出特色，为国家培养了大批生产、服务和管理一线的高素质劳动者和技能型人才，为广东经济发展和产业结构调整升级做出了巨大努力，为我国经济社会持续快速发展做出了重要贡献。

为进一步发挥学校在中等职业教育改革发展中的引领、骨干和辐射作用，成为全国中等职业教育改革创新的示范、提高质量的示范和办出特色的示范，学校精心策划了《国家中等职业教育改革发展示范学校建设项目系列教材》。此系列教材以"基于工作过程的一体化教学"为特色，通过设计典型工作任务，创设实际工作场景，让学生扮演工作中的不同角色，在老师的引导下完成不同的工作任务，并进行适度的岗位训练，达到培养提高学生的综合职业能力、为学生的可持续发展奠定基础的目标。

此外，本系列教材还体现了学校"养习惯、重思维、教方法、厚基础"的教育理念，不但使学习者能更深切地体会一体化课程理念和掌握一体化教学内容，还为教育工作者、教育管理者提供不错的一体化教学参考。

前 言

《公差配合与技术测量》一书是根据"国家中等职业教育改革发展示范学校建设计划"的要求，在茂名振达化工设备有限公司的帮助与指导下，结合作者多年的专业教学和企业工作实践经验编写而成。本教材具有如下特点。

1. 本书结合工厂生产实际和检测要求，以岗位能力要求优化教材内容，教材围绕公差和误差测量进行组织，共包含 10 个项目，包括：公差与配合知识、技术测量基础常识、产品质量控制技术、零件尺寸的测量、形位误差的测量、螺纹及齿轮的测量、表面粗糙度的检测、高、精测量设备的应用等。以量具、量仪的应用和测量方法为主线构建若干个任务，每个任务包括任务描述、任务分析、任务实施等步骤，思路条理清晰。

2. 每个项目都以任务来驱动，实现理实一体。编排上贯彻以项目为引领、以任务为驱动、以技能训练为中心，有机地整合相关的理论知识。突出实践动手能力培养，教材图文并茂，操作方法和步骤与图形一一对应，实用性强，便于学生的自学与操作练习。

3. 教学内容注意加强新标准的应用。随着标准化的深入，标准的产生和更新日益加快，本教材即采用最新国家标准和行业标准，表达力求通俗、新颖，利于讲授和自学。

4. 加强基础知识与新测量技术成果的结合。内容既包括了常用量具，也引入精密测量仪器（如表面粗糙度仪、工具测绘显微镜、三坐标测量机）的操作方法和测量步骤，为学生的可持续发展打下了坚实的基础。

本书由陈冬梅、彭惟珠担任主编；潘焯成、石榴、江杰培担任副主编；宋爱华、张琳、孔宪敏、曾海波、赵云燕、陈建立、陈锡怀、吴振通等参编，由谢晓红高级讲师主审，全书由陈冬梅统稿。同时得到了茂名振达化工设备有限公司江杰培总经理的大力支持，在此一并表示衷心感谢。

由于时间仓促，限于作者的水平，全书难免有不妥之处，恳请广大读者批评指正。

编者

2013 年 4 月

目 录

项目一　公差与配合知识

在机械制造业中，"公差"是用于协调机器零件的使用要求与制造经济性之间的矛盾。"配合"是反映机器零件之间有关功能要求的相互关系。"公差与配合"的标准化，有利于机器的设计、制造、使用和维修，直接影响产品的精度、性能和使用寿命，是评定产品质量的重要技术指标。本项目的学习目标如下。

知识目标

① 了解互换性与标准化的概念和种类，判断产品是否具有互换性。
② 理解误差与公差的概念，并了解它们的区别，计算零件的极限尺寸。
③ 理解标准与标准化的含义，极限与配合的性质，零件的配合性质。

能力目标

① 能判断产品是否具有互换性，知道保证产品互换性的几种途径。
② 会计算零件的极限尺寸，能判断零件尺寸是否合格；能判断零件的配合性质，会查表确定尺寸的极限偏差。
③ 能根据实际的工作要求，正确选择配合制与公差。
④ 知道误差的概念，能根据测量结果，分析误差产生的原因。

任务一　认识互换性与标准化

任务描述

图 1-1 所示是一辆宝马摩托车。请思考：如果摩托车行驶途中，前车轮主轴上丢失一个紧固螺母后，为了使摩托车能在最短时间内可以继续行驶，通常采取什么样的措施处理这个问题？

图 1-1　宝马摩托车

如图 1-2(a) 所示为一螺栓，图 1-2(b) 所示为一堆螺母，为了使所有螺母都能够与该螺栓实现正确的互换性配合，应该采取什么样的措施来保证呢？

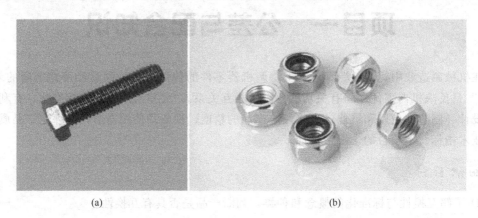

　　　　　　(a)　　　　　　　　　　　　　　　　(b)

图 1-2　螺栓和螺母

任务分析

摩托车丢失紧固螺母后，为了让其快速继续行驶，一般有以下两种处理办法。

① 制作生产一个与原紧固螺母相同的螺母。由于条件限制，此方法费时、费力、费材料，不可取。

② 去摩托车维修店购买一个与原车轮主轴上同样规格的紧固螺母。此方法大大降低了维修成本，提高了处理故障效率，降低了劳动强度。

任务实施

结合上述两种情况分析，选择第二个处理办法当然是首选。即在同一规格的一批螺母中，任取其一，不需要任何挑选或再加工（如钳工修配）就能装在摩托车上，达到正常行驶的功能要求。

知识拓展

一、认识互换性

1. 互换性的含义

某一产品（包括零件、部件、构件）与另一产品在尺寸、功能上能够彼此互相替换的性能。能在商店买到的零件，这样的一批零件或部件就称为具有互换性的零件或部件。

2. 互换性的种类与作用

（1）互换性的种类

① 完全互换性：同种零、部件加工好以后，不需经任何挑选、调整或修配等辅助处理，便可顺利装配，并在功能上达到使用性能要求。

优点：简化修整工作，提高经济性。

缺点：若组成产品的零件较多、整机精度要求高时加工制造困难、成本增高。

图 1-3 和图 1-4 所示分别为滑板车上的滚动轴承和数控机床电主轴上的轴承，都属于完全互换性零件。

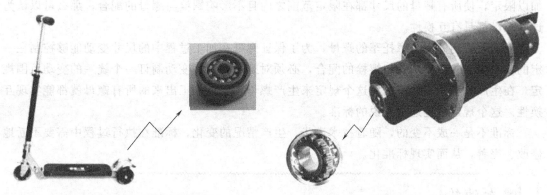

图 1-3 滑板车上的滚动轴承　　　　　　图 1-4 数控机床电主轴上的轴承

② 不完全互换性：同种零、部件加工好以后，在装配前需经过挑选、分组、调整或修配等辅助处理，才可顺利装配，在功能上才能达到使用性能要求。

a. 分组互换：先进行检测分组，然后按组进行装配，大孔配大轴，小孔配小轴。

特点：仅同组内可以互换，组与组之间不能互换。

b. 调整互换：要用调整的方法改变它在部件或机构中的尺寸或位置。

c. 修配互换：要用去除材料的方法改变它在部件或机构中的尺寸或位置。

优点：能放宽制造公差，使加工容易、降低零件制造成本。

缺点：降低了互换性水平，不利于部件、机器的装配维修。

图 1-5 所示为机床上的床身，属于不完全互换性零件。

图 1-5 机床上的床身

（2）互换性的作用

在产品设计、制造和使用阶段，对改善产品的经济、质量指标，提高可靠性及使用寿命等方面，都具有重大意义。

二、认识标准化

螺栓与螺母的配合必须保证两者的公称直径、牙型、螺纹的旋转方向、螺旋升角等保持一致，从而保证螺母能够与螺栓进行互换性配合。由于生产过程中机床存在系统误差、刀具磨损等各种不可测因素，螺母尺寸在加工过程中总是有变动的。但是，如果对尺寸变动范围加以限定，使所有螺母的尺寸都在限定范围之内且不影响螺栓与螺母的配合，那么可以认为这些螺母都具有互换性。

上面所提到的宝马摩托车的螺母，为了保证螺母在加工过程中的尺寸变动能够控制在一定的范围内，并不影响其与螺栓的配合，必须对螺母的尺寸变动制订一个统一的变动范围规定，在生产过程中，严格按照这个规定来生产螺母，那么加工出来的所有螺母就都能实现互换性。这个规定就是通常所说的标准。

标准不是一成不变的，随着技术进步、生产情况的变化，标准在执行过程中需要不断地修改、完善，从而实现标准化。

🔵 加油站

任何零件都是通过制造加工获得的，为了保证零件的加工质量，实现零件的互换性，必须通过以下几个途径。

1. 控制几何误差

零件在加工过程中会产生各种几何误差，这些几何误差通常都是由机床精度、测量仪器精度、操作工人的技术水平、零件材料性能及生产环境等因素造成的，衡量上述因素产生的几何误差参数主要包括尺寸误差、形状误差、位置误差及表面粗糙度等。

2. 公差标准化

几何参数公差用来控制几何参数误差的大小，因而需要确定几何参数公差的大小及对零件几何参数制定相关要求，即制定公差标准。公差标准是一种技术标准，技术标准是规范技术要求的法规，是指为产品和工程的技术质量、规格及其检验方法等方面所做的技术规定，是从事生产建设工作的共同技术依据。

在生产实践中，应根据客观情况的变化，不断地修订和完善标准。以制定标准和贯彻标准为主要内容的全部活动过程即是标准化。

标准化是实现互换性的前提。只有按一定的标准进行设计和制造，并按一定的标准进行检验，互换性才能实现。

3. 几何误差测量

制定公差是为了保证零件的互换性，而要真正地实现互换性则必须通过测量技术，通过测量，可以判定零件的几何参数误差是否在公差允许的范围内，如果超出公差范围，则零件就不合格，无法实现互换性。

零件几何误差的测量技术是生产制造过程中最重要的技术之一；也是本课程的学习重点。

任务二　认识极限与配合

🔵 任务描述

检测任务如图 1-6 所示，该零件用于遥控车转动方向动力。如何分析图样，怎样判断零件尺寸的合格性？此孔与轴的配合属于什么配合？

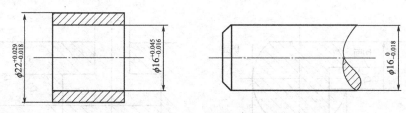

图 1-6 检测任务

任务分析

根据图 1-6 所示配合的要求，要判断轴与孔的配合性质，首先要理解什么是公差带，公差带图，然后分别绘制出轴与孔的公差带图，再根据孔与轴的公差带的相互位置关系来判断它们的配合性质。

任务实施

通过学习公差配合的知识，绘制轴与孔的公差带配合，从公差带的位置看，来判断配合性质。

知识拓展

一、尺寸的概念

1. 孔和轴

除了圆柱形内外表面的轴和孔，还有其他形式的表面也定义为轴和孔。

孔通常指工件的圆柱形内表面，也包括非圆柱形内表面（由两平行平面或切面形成的包容面）。

轴通常指工件的圆柱形外表面，也包括非圆柱形外表面（由两平行平面或切面形成的被包容面）。

标准中定义的孔和轴具有广泛的含义，对于像槽一类的两平行侧面也称为孔，而在槽内安装的滑块类零件的两平行侧面被称为轴。从装配的角度看，孔和轴分别具有包容面和被包容面的功能；从加工的角度看，孔的尺寸由小到大，轴的尺寸由大到小。如果两平行平面既不能形成包容面，也不能形成被包容面，那么它们既不是孔，也不是轴。如阶梯型的零件，其每一级的两平行平面便是这样。

图 1-7 所示的各表面中，由 D_1、D_2、D_3、D_4 尺寸确定的各组平行平面或切面所形成的是包容面，称为孔；由 d_1、d_2、d_3 尺寸确定的圆柱形外表面、平行平面或切面所形成的是被包容面，称为轴；由 L_1、L_2、L_3 尺寸确定的各平行平面或切面既不是包容面也不是被包容面，故不称为孔或轴，可称为长度。

2. 尺寸

尺寸是指以特定单位表示线性尺寸值的数值。线性尺寸值包括直径、半径、宽度、深度、高度和中心距等。例如 55mm（注：机械图样中，尺寸单位通常为 mm，在标注时可以省略单位）。

3. 公称尺寸

公称尺寸是在设计中根据强度、刚度、工艺、结构等不同要求来确定的。公称尺寸是尺

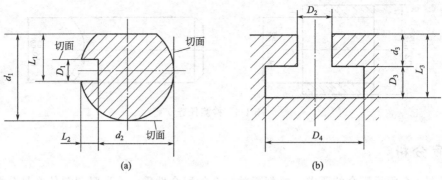

图 1-7　尺寸确定

寸精度设计中用来确定极限尺寸和偏差的一个基准，并不是实际加工要求得到的尺寸，其数值应优先选用标准直径或标准长度。用 D、d 分别表示孔和轴的公称尺寸。

4. 实际尺寸

实际尺寸（D_a、d_a）是指通过测量所得的尺寸。由于存在测量误差，实际尺寸并非尺寸真值。由于形状误差的影响，同一轴截面内，不同部位实际尺寸不一定相等，同一横截面内，不同方向的实际尺寸也可能不等。如图 1-8 所示。

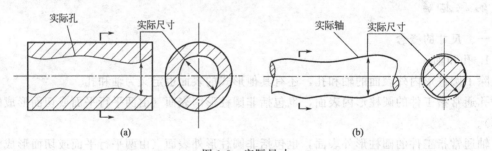

图 1-8　实际尺寸

5. 极限尺寸

允许尺寸变化的两个界限值称为极限尺寸。其中较大的称为上极限尺寸（D_{max}，d_{max}），较小的称为下极限尺寸（D_{min}，d_{min}）。

极限尺寸是根据设计要求以公称尺寸为基础给定的，是用来控制实际尺寸变动范围的。

孔的尺寸合格条件为 $D_{min} \leqslant D_a \leqslant D_{max}$；轴的尺寸合格条件为 $d_{min} \leqslant d_a \leqslant d_{max}$。

二、偏差、公差的概念

1. 尺寸偏差

尺寸偏差是某一尺寸（实际尺寸、极限尺寸等）减其公称尺寸所得的代数差。孔用 E 表示，轴用 e 表示。偏差又分为：极限偏差和实际偏差。

① 实际偏差是实际尺寸减其公称尺寸所得的代数差。

孔的实际偏差　　　　　　　　　　　$Ea = D_a - D$

轴的实际偏差　　　　　　　　　　　$ea = d_a - d$

② 极限偏差是极限尺寸减其公称尺寸所得的代数差，其中上极限尺寸减其公称尺寸所得的代数差称为上极限偏差（ES，es），下极限尺寸减其公称尺寸所得的代数差称为下极限偏差（EI、ei）。

上偏差是最大极限尺寸减其基本尺寸所得的代数差。

孔： $$ES=D_{max}-D$$

轴： $$es=d_{max}-d$$

下偏差是最小极限尺寸减其基本尺寸所得的代数差。

孔： $$EI=D_{min}-D$$

轴： $$ei=d_{min}-d$$

实际偏差是实际尺寸减其基本尺寸所得的代数差。合格零件的实际偏差应在规定的上、下偏差之间。偏差可以是正、负或零值。实际偏差应位于极限偏差范围之内。

偏差可能是正、负或零值，分别表示其尺寸大于、小于或等于公称尺寸。书写或标注时，不为零的偏差值，必须带上相应的"＋"、"－"号，偏差为零时，"0"不能省略。

标准规定：在图样和技术文件上标注极限偏差时，上极限偏差标在公称尺寸右上角，下极限偏差标在公称尺寸右下角，如图1-6所示，当上、下极限偏差数值相等而符号相反时，则对称标注，如 $\phi25\pm0.0065$。

2. 尺寸公差

尺寸公差（T）是允许尺寸的变动量。是一个没有符号的绝对值，它是最大极限尺寸减最小极限尺寸之差或上偏差减下偏差之差的绝对值。其计算公式如下：

孔的公差： $$TH=|D_{max}-D_{min}|=|ES-EI|$$

轴的公差： $$TS=|d_{max}-d_{min}|=|es-ei|$$

公差与偏差是两个不同的概念。公差大小决定允许尺寸变动范围的大小，公称尺寸相同，公差值越大，工件精度越低，越容易加工。反之，工件精度越高，越难加工。

零线是在公差带图中，表示基本尺寸的一条直线，以其为基准确定偏差和公差。正偏差位于其上，负偏差位于其下。见图1-9。

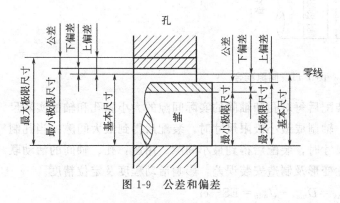

图1-9 公差和偏差

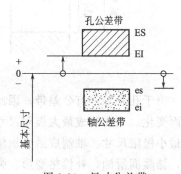

图1-10 尺寸公差带

公差带是在公差带图中，由代表上偏差和下偏差的两条平行直线所限定的一个区域。由此可见，公差带是由"公差带大小"和"公差带位置"两个要素组成的。前者由标准公差确定，后者由基本偏差确定。

3. 尺寸公差带图

为了直观、方便，在研究公差和配合时，常用到公差带图这一非常重要的工具。公差带图由零线和公差带组成。由于公差或偏差比公称尺寸的数值小很多，在图中不便用同一比例表示，为了简化，也不画出孔、轴的结构，只画出放大的孔、轴公差区域和位置，采用这种表达方法的图形称为尺寸公差带图（图1-10）。

在公差带图中，零线是表示公称尺寸的一条直线，以其为基准确定偏差和公差。通常零线沿水平方向绘制，正偏差位于其上，负偏差位于其下。公差带图中，偏差以 mm 为单位，可省略不标，以 μm 为单位，则必须注明。

在公差带图中，上、下极限偏差之间的宽度表示公差带的大小，即公差值，此值由标准公差确定。

公差带相对于零线的位置由基本偏差确定。基本偏差数值通常是靠近零线的那个极限偏差，基本偏差数值均已标准化。

三、配合的概念

配合是指公称尺寸相同的相互结合的孔和轴的公差带之间的关系。不管是间隙配合、过盈配合还是过渡配合，相配合的孔与轴基本尺寸必须相同。

1. 间隙与过盈

孔的尺寸减去相配合的轴的尺寸，所得的代数差为正时，称为间隙，用 X 表示；所得的代数差为负时，称为过盈，用 Y 表示。

2. 配合类型

（1）间隙配合

具有间隙（包括最小间隙等于零）的配合称为间隙配合。此时，孔的公差带在轴的公差带之上，如图 1-11 所示。

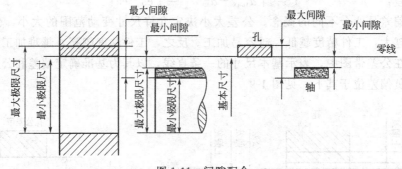

图 1-11　间隙配合

由于孔和轴都有公差带，因此装配后每对孔和轴间的实际间隙的大小随孔和轴的实际尺寸而变化。当孔制成最大极限尺寸、轴制成最小极限尺寸时，装配后得到最大间隙；当孔制成最小极限尺寸、轴制成最大极限尺寸时，装配后得到最小间隙。用途：孔、轴间的活动联结，储藏润滑油，补偿热变形、弹性变形及制造安装误差，影响活动程度及定位精度。

最大间隙　　　　　　　$X_{\max} = D_{\max} - d_{\min} = \mathrm{ES} - \mathrm{ei}$

最小间隙　　　　　　　$X_{\min} = D_{\min} - d_{\max} = \mathrm{EI} - \mathrm{es}$

间隙配合的平均松紧程度称为平均间隙。

$$X_{\mathrm{av}} = 1/2(X_{\max} + X_{\min})$$

（2）过盈配合

具有过盈（包括最小过盈为零）的配合。此时，孔的公差带在轴的公差带之下，如图 1-12 所示。同样，实际过盈的大小也随着孔和轴的实际尺寸而变化。当孔制成最大极限尺寸、轴制成最小极限尺寸时，装配后得到最小过盈；当孔制成最小极限尺寸、轴制成最大极限尺寸时，装配后得到最大过盈。用途：孔、轴间的紧固联结，不允许两者之间有相对运

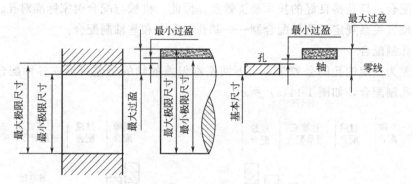

图 1-12 过盈配合

动。例如火车轮芯与耐磨的轮箍之间采用过盈配合（加热、压入）；光纤与套筒的联结。

最小过盈　　　　　　　　　$Y_{min} = D_{max} - d_{min} = ES - ei$

最大过盈　　　　　　　　　$Y_{max} = D_{min} - d_{max} = EI - es$

平均过盈是最大过盈与最小过盈的平均值。

$$Y_{av} = 1/2(Y_{max} + Y_{min})$$

（3）过渡配合

可能具有间隙或过盈的配合。如图 1-13 所示。过渡配合中，每对孔和轴间的间隙或过盈也是变化的。当孔制成上极限尺寸、轴制成下极限尺寸时，配合后得到最大间隙；当孔制成下极限尺寸、轴制成上极限尺寸时，配合后得到最大过盈。特点：此时孔的公差带与轴的公差带相互交叠。用途：孔、轴间的定心联结。过渡配合的间隙或过盈量一般较小，可保证定心精度的要求，也便于拆装。例如光学透镜与镜筒的定心联结；固定齿轮与轴的联结。

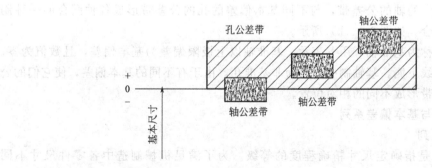

图 1-13 过渡配合

四、配合制

为了实现互换性和满足各种要求，极限与配合国家标准对形成各种配合的公差带进行了标准化，规定了"标准公差系列"和"基本偏差系列"，前者确定公差带的大小，后者确定公差带的位置，两者结合构成了不同孔、轴公差带，而孔、轴公差带之间不同的相互位置关系则形成了不同的配合。经标准化的公差与偏差制度称为极限制，它是一系列标准化的孔、轴公差数值和极限偏差数值。配合制则是同一极限制的孔和轴组成配合的一种制度。极限与配合国家标准主要由配合制、标准公差和基本偏差等组成。

变更相互配合的孔、轴公差带的相对位置，可以组成不同性质、不同松紧的配合。但为简化起见，无需将孔、轴公差带同时变动，只要固定一个，变更另一个，便可满足不同使用性能要求的配合，且获得良好的技术经济效益。因此，机械与配合国家标准对孔、轴公差带之间的相互位置关系规定了两种配合制——基孔制配合和基轴制配合。

(1) 基孔制配合

基本偏差为一定的孔的公差带，与不同基本偏差的轴的公差带形成各种配合的一种制度，称为基孔制配合，如图 1-14(a) 所示。

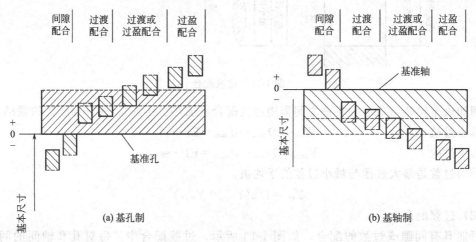

图 1-14　配合制

基孔制中的孔称为基准孔，用 H 表示，基准孔以下极限偏差为基本偏差，且数值为零。其公差带偏置在零线上侧。基孔制中的轴为非基准轴，由于有不同的基本偏差，使它们的公差带和基准孔公差带形成不同的相对位置。

(2) 基轴制配合

基本偏差为一定的轴的公差带，与不同基本偏差的孔的公差带形成各种配合的一种制度，称为基轴制配合，如图 1-14(b) 所示。

基轴制中的轴称为基准轴，用 h 表示，基准轴以上极限偏差为基本偏差，且数值为零。其公差带偏置在零线下侧。基轴制中的孔为非基准孔，由于有不同的基本偏差，使它们的公差带和基准轴公差带形成不同的相对位置。

五、标准公差与基本偏差系列

1. 标准公差系列

标准公差等级是指确定尺寸精确程度的等级。为了满足机械制造中各零件尺寸不同精度的要求，国家标准在公称尺寸至 3150mm 范围内规定了 20 个标准公差等级，代号用符号 IT 和数字组成，IT 表示国际公差，数字表示公差（精度）等级。标准公差等级分 IT01、IT0、IT1～IT18，共 20 级。其中 IT01 精度等级最高，其余依次降低，IT18 精度等级最低。

在公称尺寸相同的条件下，其相应的标准公差数值随公差等级的降低而依次增大。同一公差等级、同一尺寸分段内各公称尺寸的标准公差数值是相同的。同一公差等级对所有公称尺寸的一组公差也被认为具有同等精确程度。

表 1-1 列出了国家标准规定的机械制造行业常用尺寸（公称尺寸至 3150mm）的标准公差等级 IT1～IT18 的公差数值。在生产实践中，规定零件的尺寸公差时，应尽量按表 1-1 选用标准公差。

表 1-1 公称尺寸至 3150mm 的标准公差数值

公称尺寸 /mm		标准公差等级																
大于	至	IT1	IT2	IT3	IT4	IT5	IT6	IT7	IT8	IT9	IT10	IT11	IT12	IT13	IT14	IT15	IT16	IT17	IT18
		μm											mm						
—	3	0.8	1.2	2	3	4	6	10	14	25	40	60	0.1	0.14	0.25	0.4	0.6	1	1.4
3	6	1	1.5	2.5	4	5	8	12	18	30	48	75	0.12	0.18	0.3	0.48	0.75	1.2	1.8
6	10	1	1.5	2.5	4	6	9	15	22	36	58	90	0.15	0.22	0.36	0.58	0.9	1.5	2.2
10	18	1.2	2	3	5	8	11	18	27	43	70	110	0.18	0.27	0.43	0.7	1.1	1.8	2.7
18	30	1.5	2.5	4	6	9	13	21	33	52	84	130	0.21	0.33	0.52	0.84	1.3	2.1	3.3
30	50	1.5	2.5	4	7	11	16	25	39	62	100	160	0.25	0.39	0.62	1	1.6	2.5	3.9
50	80	2	3	5	8	13	19	30	46	74	120	190	0.3	0.46	0.74	1.2	1.9	3	4.6
80	120	2.5	4	6	10	15	22	35	54	87	140	220	0.35	0.54	0.87	1.4	2.2	3.5	5.4
120	180	3.5	5	8	12	18	25	40	63	100	160	250	0.4	0.63	1	1.6	2.5	4	6.3
180	250	4.5	7	10	14	20	29	46	72	115	185	290	0.46	0.72	1.15	1.85	2.9	4.6	7.2
250	315	6	8	12	16	23	32	52	81	130	210	320	0.52	0.81	1.3	2.1	3.2	5.2	8.1
315	400	7	9	13	18	25	36	57	89	140	230	360	0.57	0.89	1.4	2.3	3.6	5.7	8.9
400	500	8	10	15	20	27	40	63	97	155	250	400	0.63	0.97	1.55	2.5	4	6.3	9.7
500	630	9	11	16	22	32	44	70	110	175	280	440	0.7	1.1	1.75	2.8	4.4	7	11
630	800	10	13	18	25	36	50	80	125	200	320	500	0.8	1.25	2	3.2	5	8	12.5
800	1000	11	15	21	28	40	56	90	140	230	360	560	0.9	1.4	2.3	3.6	5.6	9	14
1000	1250	13	18	24	33	47	66	105	165	260	420	660	1.05	1.65	2.6	4.2	6.6	10.5	16.5
1250	1600	15	21	29	39	55	78	125	195	310	500	780	1.25	1.95	3.1	5	7.8	12.5	19.5
1600	2000	18	25	35	46	65	92	150	230	370	600	920	1.5	2.3	3.7	6	9.2	15	23
2000	2500	22	30	41	55	78	110	175	280	440	700	1100	1.75	2.8	4.4	7	11	17.5	28
2500	3150	26	36	50	68	96	135	210	330	540	860	1350	2.1	3.3	5.4	8.6	13.5	21	33

注：1. 公称尺寸大于 500mm 的 IT1～IT5 的标准公差数值为试行的。

2. 公称尺寸小于或等于 1mm 时，无 IT14～IT18。

表 1-1 所列的标准公差是按公式计算后，根据一定规则圆整尾数后而确定的。表 1-2 列出了基本尺寸至 500mm 的标准公差计算公式。从表 1-2 可见，常用公差等级 IT5～IT18。其计算公式可归纳为一般通式：

$$IT = i\alpha$$

式中 IT——标准公差；

　　　i——公差单位，μm；

　　　α——公差等级系数。

公差单位 i 是确定标准公差的基本单位，它是基本尺寸的函数。由大量的试验和统计分析得知，在一定工艺条件下，加工基本尺寸不同的孔和轴，其加工误差和测量误差按一定规律随基本尺寸的增大而增大。由于公差是用来控制误差的，所以公差和基本尺寸之间也应符合这个规律。这个规律在标准公差的计算中由公差单位体现，其计算公式为：

表 1-2　标准公差的计算公式

公差等级	公式	公差等级	公式	公差等级	公式
IT01	$0.3+0.008D$	IT6	$10i$	IT13	$250i$
IT0	$0.5+0.012D$	IT7	$16i$	IT14	$400i$
IT1	$0.8+0.020D$	IT8	$25i$	IT15	$640i$
IT2	$(IT1)(IT5/IT1)^{1/4}$	IT9	$40i$	IT16	$1000i$
IT3	$(IT1)(IT5/IT1)^{1/2}$	IT10	$64i$	IT17	$1600i$
IT4	$(IT1)(IT5/IT1)^{3/4}$	IT11	$100i$	IT18	$2500i$
IT5	$7i$	IT12	$160i$		

$$i=0.45\sqrt[3]{D}+0.01D$$

式中，D 为基本尺寸段的几何平均值，mm。

公式右边第一项反映加工误差与基本尺寸之间呈幂指数关系，第二项补偿因测量温度不稳定或存在温度偏差所引起的测量误差。

公差等级系数 a 是 IT5～IT18 各级标准公差所包含的公差单位数，在此等级内不论基本尺寸大小，各等级标准公差都有一个相对应的 a 值，且 a 值是标准公差分级的唯一指标。从图 1-15 可见，IT01、IT0、IT1 等级，其标准公差与基本尺寸呈线性关系。

按公式计算标准公差值，则每一个基本尺寸 $D(d)$ 就有一个相对应的公差值。由于基本尺寸繁多将使所编制的公差值表格庞大，且使用不方便。实际上对同一公差等级当基本尺寸相近时，其公差值相差甚微，此时取相同值对实践影响会很小。为此，标准公差将公称尺寸小于或等于常用尺寸段分为 13 个主尺寸段。实际工作中，标准公差用查表法确定。

2. 基本偏差系列

基本偏差是指用以确定公差带相对于零线位置的两个极限偏差中的一个，一般是靠近零线的那个极限偏差（个别公差带除外），原则上与公差等级无关。

国家标准将孔、轴的公差带位置实行标准化，对应不同的公称尺寸，标准中对孔和轴各规定了 28 个公差带位置，分别由 28 个基本偏差来确定。基本偏差代号由拉丁字母表示，大写字母代表孔，小写字母代表轴。在 26 个英文字母中，去掉 5 个字母（孔去掉 I、L、O、Q、W，轴去掉 i、l、o、q、w），增加 7 个双字母代号（孔为 CD、EF、FG、JS、ZA、ZB、ZC，轴为 cd、ef、fg、js、za、zb、zc），共 28 种，其排列顺序如图 1-15 所示，图中公差带的另一极限偏差"开口"，表示其公差等级未定。

在孔的基本偏差系列中，代号 A～H 的基本偏差为下偏差 EI，其绝对值逐渐减小，其中 A～G 的 EI 为正值，H 的 EI＝0；代号 J～ZC 的基本偏差为上偏差 ES（除 J 外一般为负值），其绝对值逐渐增大，代号 JS 的公差带相对于零线对称分布，因此其基本偏差可以为上偏差 ES＝＋IT/2 或下偏差 EI＝－IT/2。

在轴的基本偏差系列中，代号 a～h 的基本偏差为上偏差 es，其绝对值也逐渐减小，其中 a～g 的 es 为负值，h 的＝0；代号 j～zc 的基本偏差为下偏差 ei（除 j 外一般为正值），其绝对值也逐渐增大，代号 js 的公差带相对于零线对称分布，因此其基本偏差可以为上偏差 es＝＋IT/2 或下偏差 ei＝－IT/2。

轴的基本偏差数值是以基孔制配合为基础，根据各种配合要求，在生产实践和大量试验的基础上，先根据一系列经验公式计算出结果，再按一定规则将尾数圆整而得到的。

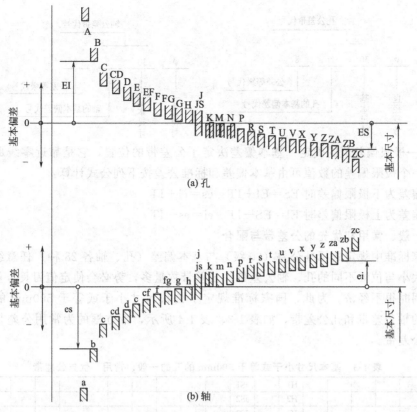

图 1-15　基本偏差系列

孔的基本偏差数值是从同名轴的基本偏差数值换算得来的。包括以下换算原则。

① 同名配合的配合性质相同　同名配合如：$\phi 60 \dfrac{H8}{f8}$ 和 $\phi 60 \dfrac{F8}{h8}$、$\phi 90 \dfrac{P7}{h6}$ 和 $\phi 90 \dfrac{H7}{p6}$ 等。同名配合应满足以下四个条件基本尺寸相同；基孔制、基轴制互换；同一字母 F～f；孔、轴公差等级分别相等。配合性质相同即应保证两者有相同的极限间隙或极限过盈。

② 满足工艺等价原则　由于较高精度的孔比轴难加工，因此国家标准规定，为使孔和轴在工艺上等价（孔和轴加工难易程度基本相当），在较高精度等级（以 IT8 为界）的配合中，孔比轴的公差等级低一级，在较低精度的配合中，孔与轴采用相同的公差等级。为此按轴的基本偏差换算孔的基本偏差时，出现以下两种规则。

• 通用规则　标准推荐，孔与轴采用相同的公差等级。用同一字母表示的孔、轴基本偏差的绝对值相等，而其正、负号相反，即：A～H 时，EI＝es；J～N＞IT8 与 P～ZC＞IT7 时，ES＝－ei。

• 特殊规则　标准推荐，孔比轴的公差等级低一级。用同一字母表示的孔、轴基本偏差符号相反，而绝对值相差一个 △ 值，即：当 K、M、N≤IT8 与 P～ZC≤IT7 时，ES＝－ei＋△，△＝$IT_n － IT_n －1$。

将用上述公式计算出的孔的基本偏差数值按一定规则化整，并编制表格（见附表 2）所示。实际应用中孔的基本偏差数值可直接查表。

③ 公差带与配合代号及其标注　一个确定的公差带代号由基本偏差代号和公差等级数字组合而成。例如，H8、F7、P7 等为孔的公差带代号，h7、r6、f6 等为轴的公差带

代号。

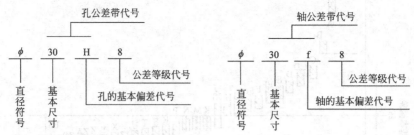

④ 另一极限偏差值的确定　基本偏差决定了公差带的位置，它是靠近零线那个极限偏差，而另一个极限偏差的数值可由基本偏差和标准公差按下列公式计算：

基本偏差为下极限偏差时 ES＝EI＋IT　　es＝ei＋IT

基本偏差为上极限偏差时 EI＝ES－IT　　ei＝es－IT

六、一般、常用和优先的公差带与配合

将国家标准中规定的标准公差（20级）与基本偏差（孔、轴各28种）任意组合，可以得到大量大小与位置不同的孔、轴公差带。公差带数量多，势必会使定值刀具、量具的规格繁多，使用时很不经济。为此，国家标准规定了公称尺寸小于或等于500mm的一般、常用、优先的轴公差带和孔公差带，如表1-3、表1-4所示，带方框的为常用公差带，带阴影的为优先公差带。

表 1-3　基本尺寸小于或等于 500mm 的孔的一般、常用、优先公差带

A	B	C	D	E	F	G	H	J	JS	K	M	N	P	R	S	T	U	V	X	Y	Z
							H1		JS1												
							H2		JS2												
							H3		JS3												
							H4		JS4	K4	M4										
						G5	H5		JS5	K5	M5	N5	P5	R5	S5						
					F6	G6	H6	J6	JS6	K6	M6	N6	P6	R6	S6	T6	U6	V6	X6	Y6	Z6
			D7	E7	F7	G7	H7	J7	JS7	K7	M7	N7	P7	R7	S7	T7	U7	V7	X7	Y7	Z7
		C8	D8	E8	F8	G8	H8	J8	JS8	K8	M8	N8	P8	R8	S8	T8	U8	V8	X8	Y8	Z8
A9	B9	C9	D9	E9	F9		H9		JS9			N9	P9								
A10	B10	C10	D10	E10			H10		JS10												
A11	B11	C11	D11				H11		JS11												
A12	B12	C12					H12		JS12												
							H13		JS13												

表 1-4　基本尺寸小于或等于 500mm 的轴的一般、常用、优先公差带

a	b	c	d	e	f	g	h	j	js	k	m	n	p	r	s	t	u	v	x	y	z
							h1		js1												
							h2		js2												
							h3		js3												
						g4	h4		js4	k4	m4	n4	p4	r4	s4						
					f5	g5	h5		js5	k5	m5	n5	p5	r5	s5	t5	u5	v5	x5	y5	z5
				e6	f6	g6	h6	j6	js6	k6	m6	n6	p6	r6	s6	t6	u6	v6	x6	y6	z6
			d7	e7	f7	g7	h7	j7	js7	k7	m7	n7	p7	r7	s7	t7	u7	v7	x7	y7	z7
		c8	d8	e8	f8	g8	h8	j8	js8	k8	m8	n8	p8	r8	s8	t8	u8	v8	x8	y8	z8
a9	b9	c9	d9	e9	f9		h9		js9			n9	p9								
a10	b10	c10	d10	e10			h10		js10												
a11	b11	c11	d11				h11		js11												
a12	b12	c12					h12		js12												
							h13		js13												

选用公差带时应按优先、常用、一般公差带的顺序选取。若一般公差带中也没有满足要求的公差带，则按国家标准规定的标准公差和基本偏差组成的公差带来选取。

在上述推荐的孔、轴公差带的基础上，国家标准又规定了基孔制常用配合59种，优先配合13种，基轴制常用配合47种，优先配合13种，见表1-5和表1-6。

表 1-5　基孔制优先常用配合

基准孔	轴																				
	a	b	c	d	e	f	g	h	js	k	m	n	p	r	s	t	u	v	x	y	z
	间　隙　配　合								过　渡　配　合				过　盈　配　合								
H6						$\frac{H6}{f5}$	$\frac{H6}{g5}$	$\frac{H6}{h5}$	$\frac{H6}{js5}$	$\frac{H6}{k5}$	$\frac{H6}{m5}$	$\frac{H6}{n5}$	$\frac{H6}{p5}$	$\frac{H6}{r5}$	$\frac{H6}{s5}$	$\frac{H6}{t5}$					
H7						$\frac{H7}{f6}$	$\frac{H7}{g6}$	$\frac{H7}{h6}$	$\frac{H7}{js6}$	$\frac{H7}{k6}$	$\frac{H7}{m6}$	$\frac{H7}{n6}$	$\frac{H7}{p6}$	$\frac{H7}{r6}$	$\frac{H7}{s6}$	$\frac{H7}{t6}$	$\frac{H7}{u6}$	$\frac{H7}{v6}$	$\frac{H7}{x6}$	$\frac{H7}{y6}$	$\frac{H7}{z6}$
H8					$\frac{H8}{e7}$	$\frac{H8}{f7}$	$\frac{H8}{g7}$	$\frac{H8}{h7}$	$\frac{H8}{js7}$	$\frac{H8}{k7}$	$\frac{H8}{m7}$	$\frac{H8}{n7}$	$\frac{H8}{p7}$	$\frac{H8}{r7}$	$\frac{H8}{s7}$	$\frac{H8}{t7}$	$\frac{H8}{u7}$				
				$\frac{H8}{d8}$	$\frac{H8}{e8}$	$\frac{H8}{f8}$		$\frac{H8}{h8}$													
H9			$\frac{H8}{c9}$	$\frac{H9}{d9}$	$\frac{H9}{e9}$	$\frac{H9}{f9}$		$\frac{H9}{h9}$													
H10			$\frac{H10}{c10}$	$\frac{H10}{d10}$				$\frac{H10}{h10}$													
H11	$\frac{H11}{a11}$	$\frac{H11}{b11}$	$\frac{H11}{c11}$	$\frac{H11}{d11}$				$\frac{H11}{h11}$													
H12		$\frac{H12}{b12}$						$\frac{H12}{h12}$													

注：1. $\frac{H6}{n5}$、$\frac{H7}{p6}$在公称尺寸小于或等于3mm时和$\frac{H8}{r7}$在公称尺寸小于或等于100mm时，为过渡配合。

2. 标注▼的配合为优先配合。

表 1-6　基轴制优先常用配合

基准轴	孔																				
	A	B	C	D	E	F	G	H	JS	K	M	N	P	R	S	T	U	V	X	Y	Z
	间　隙　配　合								过　渡　配　合				过　盈　配　合								
h5						$\frac{F6}{h5}$	$\frac{G6}{h5}$	$\frac{H6}{h5}$	$\frac{JS6}{h5}$	$\frac{K6}{h5}$	$\frac{M6}{h5}$	$\frac{N6}{h5}$	$\frac{P6}{h5}$	$\frac{R6}{h5}$	$\frac{S6}{h5}$	$\frac{T6}{h5}$					
h6						$\frac{F7}{h6}$	$\frac{G7}{h6}$	$\frac{H7}{h6}$	$\frac{JS7}{h6}$	$\frac{K7}{h6}$	$\frac{M7}{h6}$	$\frac{N7}{h6}$	$\frac{P7}{h6}$	$\frac{R7}{h6}$	$\frac{S7}{h6}$	$\frac{T7}{h6}$	$\frac{U7}{h6}$				
h7					$\frac{E8}{h7}$	$\frac{F8}{h7}$		$\frac{H8}{h7}$	$\frac{JS8}{h7}$	$\frac{K8}{h7}$	$\frac{M8}{h7}$	$\frac{N8}{h7}$									
h8				$\frac{D8}{h8}$	$\frac{E8}{h8}$	$\frac{F8}{h8}$		$\frac{H8}{h8}$													
h9				$\frac{D9}{h9}$	$\frac{E9}{h9}$	$\frac{F9}{h9}$		$\frac{H9}{h9}$													
h10				$\frac{D10}{h10}$				$\frac{H10}{h10}$													
h11	$\frac{A11}{h11}$	$\frac{B11}{h11}$	$\frac{C11}{h11}$	$\frac{D11}{h11}$				$\frac{H11}{h11}$													
h12		$\frac{B12}{h12}$						$\frac{H12}{h12}$													

注：标注▼的配合为优先配合。

必须指出，在实际生产中，如因特殊需要或其他充分理由，也允许采用非基准制配合，即非基准孔和非基准轴相配合，如 K7/f9、F9/j6 等。这种配合，习惯上也称混合配合。

七、一般公差　　线性尺寸的未注公差

线性尺寸的一般公差是指在车间普通工艺条件下，机床设备在正常维护操作情况下，能达到的经济加工精度。采用一般公差时，在该尺寸后不标注极限偏差或其他代号，所以也称未注公差。正常情况下，一般不检验，除非另有规定。

零件图样应用一般公差可带来以下好处。

① 简化制图，使图样清晰。

② 节省设计时间，设计人员不必逐一考虑一般公差的公差值。

③ 简化产品的检验要求。

④ 突出图样上注出公差的重要要素，以便在加工和检验时引起重视。

⑤ 便于供需双方达成加工和销售协议，避免不必要的争议。

GB/T 1804—2000 对线性尺寸的一般公差规定了四个公差等级，f（精密级）、m（中等级）、c（粗糙级）、v（最粗级）。线性尺寸极限偏差数值见表1-7；倒圆半径和倒角高度尺寸的极限偏差数值见表1-8。

表1-7　线性尺寸极限偏差数值　　　　mm

公差等级	公称尺寸分段							
	0.5～3	>3～6	>6～30	>30～120	>120～400	>400～1000	>1000～2000	>2000～4000
精密 f	±0.05	±0.05	±0.1	±0.15	±0.2	±0.3	±0.5	
中等 m	±0.1	±0.1	±0.2	±0.3	±0.5	±0.8	±1.2	±2
粗糙 c	±0.2	±0.3	±0.5	±0.8	±1.2	±2	±3	±4
最粗 v		±0.5	±1	±1.5	±2.5	±4	±6	±8

表1-8　倒圆半径和倒角高度尺寸的极限偏差数值　　　　mm

公差等级	公称尺寸分段			
	0.5～3	>3～6	>6～30	>30
精密级 f	±0.2	±0.5	±1	±2
中等级 m				
粗糙级 c	±0.4	±1	±2	±4
最粗级 v				

当采用一般公差时，在图样上只注公称尺寸，不注极限偏差，而应在图样技术要求或技术文件中用线性尺寸的一般公差标准号和公差等级符号表示。例如，当选用中等级 m 时则表示为"GB/T 1804－m"。

线性尺寸的一般公差主要用于较低精度的非配合尺寸。当要素的功能要求比一般公差更小或允许更大的公差值时，则在公称尺寸后直接注出极限偏差数值，如装配时所钻的盲孔的深度。

任务三　极限与配合的选择

任务描述

图1-16所示齿轮油泵为润滑用的低压小流量泵。试选择两轴的四个轴颈与两端泵盖对

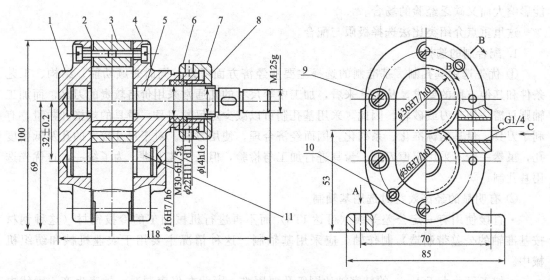

图 1-16 低压小流量泵

1—左泵盖；2—垫片；3—泵体；4—右泵盖；5—传动齿轮轴；6—调整螺母；
7—填料压套；8—压紧螺母；9—螺栓；10—销；11—齿轮轴

应轴承孔的配合。

任务分析

一台完整的齿轮油泵包括马达、减速器、联轴器和泵头几部分，泵头部分由泵壳、前后侧盖、齿轮轴、滑动轴承和轴封构成。高温齿轮油泵属于正位移泵，工作时依靠主、从动齿轮的相互啮合造成的工作容积变化来输送熔体。如果要达到工作过程中，油泵要高效、稳定地工作？要做哪些处理？

任务实施

根据使用要求，轴与孔要做相对运动，因此应有一定的间隙；为了保证轴、孔的定心精度，间隔不能太大，这就要求必须合理设计零件的尺寸精度和配合。

知识拓展

一、极限与配合的选择

极限与配合的选择是机械设计与制造中的一个重要环节，它是在公称尺寸已经确定的情况下进行的尺寸精度设计。公差配合的选择是否恰当，对产品的性能、质量、互换性及经济性有着重要的影响。极限与配合的选择包括配合制的选择、公差等级的选择和配合种类的选择。选择的原则是在满足使用要求的前提下，获得最佳的技术经济效益。

极限与配合的选择一般有三种方法：类比法、计算法与试验法。类比法就是参照同类型机器或机构中经过生产实践验证的实际情况，再结合所设计产品的使用要求和应用条件来确定极限与配合。计算法就是根据理论公式来确定需要的间隙或过盈。这种方法虽然科学，但比较麻烦，而且有时将条件理想化、简化，使得计算结果不完全符合实际。试验法是通过试验或统计分析来确定间隙或过盈，这种方法合理、可靠，但代价较高，一般用于对产品性能影响大而又缺乏经验的场合。

这里重点介绍类比法选择极限与配合。

1. 配合制的选择

① 优先选用基孔制 基准制的选择主要从经济方面考虑，同时兼顾功能、结构、工艺条件和其他方面的要求。从工艺来看，加工中等尺寸的孔通常采用价格较贵的刀具，而加工轴则只需一把车刀或砂轮。因此，采用基孔制可以减少定尺寸刀具、量具的规格和数量，有利于刀具、量具的标准化、系列化，因而经济合理，使用方便。对于尺寸较大的孔及低精度孔，虽然一般不采用定值刀具、量具进行加工与检验，但从工艺上讲，为了统一，也优先选用基孔制。

② 有明显的经济效益时选用基轴制

• 直接使用有一定公差等级（可达 IT8）而不再进行机械加工的冷拔钢材（这种钢材按基准轴的公差带制造）制作轴，应采用基轴制。这种情况主要用于农业机械和纺织机械中。

• 加工尺寸小于 1mm 的精密轴比同级孔要困难，因此在仪表制造、钟表生产、无线电工程中，常使用经过光轧成形的钢丝直接制作轴，这时采用基轴制比较经济。

• 根据结构上的需要，同一公称尺寸的轴上装配有不同配合要求的几个孔时，应采用基轴制。

③ 按标准件选择配合制 当设计的零件与标准件相配时，基准制的选择应依标准件而定。例如，滚动轴承的外圈与壳体孔的配合必须采用基轴制，滚动轴承的内圈与轴颈的配合必须采用基孔制。

④ 非基准制配合的应用 非基准制配合是指相配合的两零件既无基准孔又无基准轴的配合，当一个孔与几个轴相配合或一个轴与几个孔相配合且其配合要求各不相同时，则会出现非基准制的配合。

2. 公差等级的选择

公差等级的选择原则是，在满足使用要求的前提下，尽可能地选用较低的公差等级，以便很好地解决机器零件的使用要求与制造工艺及成本之间的矛盾。

公差等级一般采用类比法确定，也就是参考从生产实践中总结出来的经验资料，进行比较选择。用类比法选择公差等级时，应熟悉各个公差等级的应用范围和各种加工方法所能达到的公差等级，具体可参考表 1-9～表 1-11。

表 1-9 公差等级的应用

应用	公差等级应用(IT)																			
	01	0	1	2	3	4	5	6	7	8	9	10	11	12	13	14	15	16	17	18
量块	—	—	—																	
量规			—	—	—	—	—	—	—											
配合尺寸							—	—	—	—	—	—	—	—						
特别精密配合				—	—	—														
非配合尺寸														—	—	—	—	—	—	—
原材料										—	—	—	—	—	—	—				

表 1-10　各种加工方法可达到和等级

加工方法	公差等级（IT）																			
	01	0	1	2	3	4	5	6	7	8	9	10	11	12	13	14	15	16	17	18
研磨	—	—	—	—	—	—	—													
珩磨						—	—	—	—											
圆磨							—	—	—	—										
平磨							—	—	—	—										
金刚石车							—	—	—											
金刚石镗							—	—	—											
拉削							—	—	—	—										
铰孔								—	—	—	—	—								
车									—	—	—	—	—							
镗									—	—	—	—	—							
铣										—	—	—	—	—						
刨												—	—							
钻											—	—	—	—						
滚压挤压												—	—							
冲压												—	—	—	—	—				
压铸													—	—	—	—				
粉末冶金成形								—	—	—										
粉末冶金烧结									—	—	—									
砂型铸造气割																		—	—	
锻造																	—	—		

表 1-11　常用公差等级应用实例

公差等级	应用
IT5 （孔为 IT6）	主要用在配合公差、形状公差要求很小的地方，其配合性质稳定，一般应用在机床、发动机、仪表等重要部位，如与 P5 级滚动轴承配合的机床主轴、机床尾架与套筒、精密机床以及高速机械中轴颈、精密丝杠轴颈等
IT6 （孔为 IT7）	配合性质能达到较高的均匀性，如与 P6 级滚动轴承配合的孔、轴颈，与齿轮、蜗轮、联轴器、带轮、凸轮等连接的轴颈，机床丝杠轴颈，摇臂钻立柱，机床夹具导向件外径尺寸，IT6 级精度齿轮的基准孔，IT7、IT8 级精度齿轮的基准轴
IT7	比 IT6 级精度稍低，应用条件与 IT6 级基本相似，在一般机械制造中应用较为普遍，如联轴器、带轮、凸轮等孔径，夹具中的固定转套，IT7、IT8 级精度齿轮基准孔，IT9、IT10 级精度齿轮基准轴
IT8	在机械制造中属于中等精度，如轴承座衬套沿宽度方向尺寸，IT9～IT12 级齿轮基准孔，IT11 至 IT12 级齿轮基准轴
IT9、IT10	主要用于机械制造中轴套外径与孔、操纵件与轴、带轮与轴、单键与花键
IT11、IT12	配合精度很低，装配后，可能产生很大间隙，适用于基本上没有什么配合要求的场合，如机床上法兰盘与止口、滑块与滑移齿轮、加工中工序间尺寸、冲压加工的配合件、机床制造中的扳手孔与扳手座的连接

除参考表 1-9～表 1-11 外，还应注意以下问题。

① 联系孔和轴的工艺等价性　孔和轴的工艺等价性是指孔和轴应有相同的加工难易程度。在常用尺寸段内，孔比同级轴的加工困难，加工成本也要高一些，其工艺是不等价的。按工艺等价选择相互配合的孔、轴公差等级可参见表 1-11。

② 联系相关件和相配件的精度　如与滚动轴承相配合的外壳孔和轴径的公差等级取决于相配件滚动轴承的公差等级；与齿轮孔配合的轴的公差等级要与齿轮精度相适应。

③ 联系配合与成本　对过渡配合或过盈配合，一般不允许其间隙或过盈的变动太大，因此公差等级不能太低，孔可选标准公差不大于 IT8，轴可选标准公差不大于 IT7。间隙配合可不受此限制，但间隙小的配合公差等级应较高，间隙大的配合公差等级可以低些。例如，选用 H6/g5 和 H11/a11 是可以的，而选 H6/a5 和 H11/g11 就不合理了。

3. 配合的选择

前述配合制和公差等级的选择，确定了基准孔或基准轴的公差带，以及相应的非基准轴或非基准孔公差带的大小，因此选择配合种类实质上是确定非基准轴或非基准孔公差带的位置，即选择非基准轴或非基准孔的基本偏差代号。为此，必须首先掌握各种基本偏差的特点，并了解它们的应用实例，再根据具体情况加以选择。

(1) 确定配合类型

根据配合的具体要求，参照表 1-12 从大体方向上确定应选的配合类别。下面以基孔制为例进行说明。

表 1-12　配合种类的确定

			不可拆卸	过盈配合
无相对运动	需传递力矩	精确定心	可拆卸	过渡配合或基本偏差为 H(h) 的间隙配合加键、销紧固件
		不需精确定心		间隙配合加键、销紧固件
	不需传递力矩			过渡配合或过盈量较小的过盈配合
有相对运动	缓慢转动或移动			基本偏差为 H(h)、G(g) 等间隙配合
	转动、移动或复合运动			基本偏差为 D～F(d～f) 等间隙配合

① 孔轴之间有相对运动，或没有相对运动但需要经常拆卸时，应采用间隙配合。轴采用基本偏差 a～h，字母越往后，间隙越小。小间隙量主要用于精确定心又便于拆卸的静连接，或结合件间只有缓慢移动或转动的动连接。较大间隙量主要用于结合件间有转动、移动或复合运动的动连接。工作温度高、对中性要求低、相对运动速度高等情况，应使间隙增大。

② 既需要对中性好，又要便于拆卸时，应采用过渡配合。轴采用基本偏差 j～n（n 与高精度的基准孔形成过盈配合），字母越往后，获得过盈的机会越多。过渡配合可能具有间隙，也可能具有过盈，但不论是间隙量还是过盈量都很小，主要用于定心精确、结合件间无相对运动、无拆卸的静连接。

③ 在不用紧固件就能保证孔轴之间无相对运动、在需要靠过盈来传递载荷、在不经常拆装（或永久性连接）的场合，应采用过盈配合。轴采用基本偏差 p～zc（p 与低精度的基准孔形成过渡配合），字母越往后，过盈量越大，配合越紧。过盈量较小时，只作精确定心用，若需传递力矩，需加键、销等紧固件。过盈量较大时可直接用于传递力矩。采用大过盈

配合时，容易将零件挤裂，因而很少采用。

（2）各种基本偏差的特点及应用

在明确所选配合大类的基础上，了解与对照各种基本偏差的特点及应用，对正确选择配合是十分必要的，具体可参见表 1-13。根据配合部位具体的功能要求，通过查表，比较配合的应用实例，选择较合适的配合，即确定非基准件的基本偏差代号。

表 1-13　各种基本偏差的应用实例

配合	基本偏差	特点及应用实例
间隙配合	a(A) b(B)	可得到特别大的间隙，应用很少。主要用于工作时温度高、热变形大的零件的配合，如发动机中活塞与缸套的配合为 H9/a9
	c(C)	可得到很大的间隙。一般用于工作条件较差（如农业机械）、工作时受力变形大及装配工艺性不好的零件的配合，也适用于高温工作的间隙配合，如内燃机排气阀杆与导管的配合为 H8/c7
	d(D)	一般用于 IT7～IT11 级，适用于较松的间隙配合（如滑轮、空转的带轮与轴的配合），以及大尺寸滑动轴承与轴颈的配合（如涡轮机、球磨机等的滑动轴承）。活塞环与活塞槽的配合可用 H9/d9
	e(E)	多用于 IT6～IT9 级，具有明显的间隙，适用于大跨距及多支点的转轴与轴承的配合，以及高速、重载的大尺寸轴与轴承的配合，如大型电动机、内燃机的主要轴承处的配合为 H8/e7
	f(F)	用于 IT6～IT8 级，用于一般转动的配合，受温度影响不大，采用普通润滑油的轴与滑动轴承的配合，如齿轮箱、小电动机、泵等的转轴与滑动轴承的配合为 H7/f6
	g(G)	用于 IT5～IT7，形成配合的间隙较小，用于轻载精密装置中的转动配合，用于插销的定位配合，滑阀、连杆销等处的配合，钻套孔多用 G
	h(H)	用于 IT4～IT11，形成配合的最小间隙为零，广泛用于无相对转动的零件的配合，一般的定位配合。若没有温度、变形的影响也可用于精密滑动轴承，如车床尾座孔与滑动套筒的配合为 H6/h5
过渡配合	js(JS)	用于 IT4～IT7 级具有平均间隙的过渡配合，用于略有过盈的定位配合，如联轴器，齿圈与轮毂的配合，滚动轴承外圈与外壳孔的配合多用 JS7。一般用手或木锤装配
	k(K)	用于 IT4～IT7 级平均间隙接近零的过渡配合，用于定位配合，如滚动轴承内、外圈分别与轴颈、外壳孔的配合。一般用木槌装配
	m(M)	多用于 IT4～IT7 级平均过盈较小的配合，用于精密定位的配合，如蜗轮的青铜轮缘与轮毂的配合为 H7/m6
	n(N)	多用于 IT4～IT7 级平均过盈较大的配合，很少形成间隙。用于加键传递较大转矩的配合，如冲床上齿轮与轴的配合。用木槌或压力机装配
过盈配合	p(P)	用于小过盈配合。与 H6、H7 的孔形成过盈配合，而与 H8 的孔形成过渡配合。碳钢和铸铁制零件形成的配合为标准压入配合，如绞车的绳轮与齿圈的配合为 H7/p6。合金钢制零件的配合需要小过盈时可用 p(P)
	r(R)	用于传递大转矩或受冲击负荷而需要加键的配合，如蜗轮与轴的配合为 H7/r6，H8/r8 配合在公称尺寸小于 100mm 时，为过渡配合
	s(S)	用于钢和铸铁制零件的永久性结合，可产生相当大的结合力，如套环压在轴、阀座上用 H7/s6 配合
	t(T)	用于钢和铸铁制零件的永久性结合和半永久性结合，不用键可传递转矩，需用热套法或冷轴法装配，如联轴器与轴的配合为 H7/t6 配合
	u(U)	用于大过盈配合，最小过盈需验算。用热套法进行装配，如火车轮毂和轴的配合为 H6/u5
	v(V)x(X) y(Y)z(Z)	用于特大过盈配合，目前使用的经验和资料很少，需经试验后才能使用。一般不推荐

二、极限与配合选择综合示例

例 1　如图 1-17 所示圆锥齿轮减速器，已知传递的功率 $P=10\mathrm{kW}$，中速轴转速 $n=750\mathrm{r/min}$，稍有冲击，在中、小型工厂小批生产。

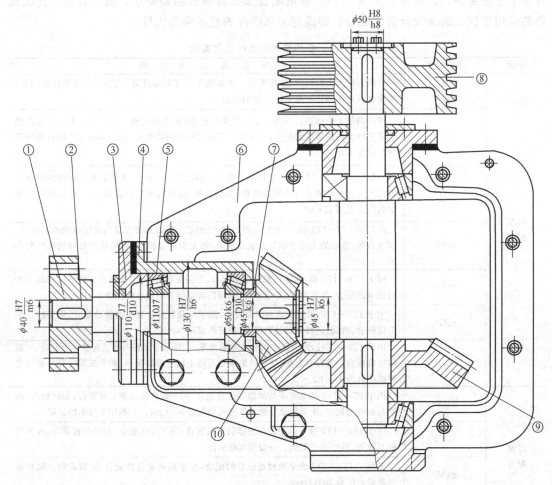

图 1-17　圆锥齿轮减速器

试选择：①联轴器 1 和输入端轴颈 2；②皮带轮 8 和输出端轴颈；③小锥齿轮 10 内孔和轴颈；④套杯 4 外径和箱体 6 座孔，以上四处配合的公差等级和配合。

解：以上四处配合，无特殊要求，优先采用基孔制。

① 联轴器 1 是用铰制螺孔和精制螺栓连接的固定式刚性联轴器。为防止偏斜引起附加载荷，要求对中性好，联轴器是中速轴上的重要配合件，无轴向附加定位装置，结构上采用紧固件，故选用过渡配合 $\phi40\mathrm{H7/m6}$。

② 皮带轮 8 和输出轴轴颈配合和上述配合比较，定心精度因是挠性件传动，故要求不高，且又有轴向定位件，为便于装卸可选用：H8/h7（h8、jS7、js8），本例选用 50H8/h8。

③ 小锥齿轮 10 内孔和轴颈是影响齿轮传动的重要配合，内孔公差等级由齿轮精度决定，一般减速器齿轮为 8 级，故基准孔为 IT7。传递负载的齿轮和轴的配合，为保证齿轮的工作精度和啮合性能，要求准确对中，一般选用过渡配合加紧固件，可供选用的配合有

H7/js6 （k6、m6、n6，甚至 p6、r6），至于采用哪种配合，主要考虑装卸要求，载荷大小，有无冲击振动，转速高低、批量等。此处为中速、中载，稍有冲击，小批生产，故选用 φ45H7/k6。

④ 套杯 4 外径和箱体孔配合是影响齿轮传动性能的重要部位，要求准确定心。但考虑到为调整锥齿轮间隙而有轴向移动的要求，为便于调整，故选用最小间隙为零的间隙定位配合 φ130H7/h6。

例 2 图 1-18 是卧式车床主轴箱中Ⅰ轴的局部结构示意图，轴上装有同一基本尺寸的滚动轴承内圈、挡圈和齿轮。根据标准件滚动轴承要求，轴的公差带确定为 φ30k6。分析挡圈孔和轴配合的合理性。

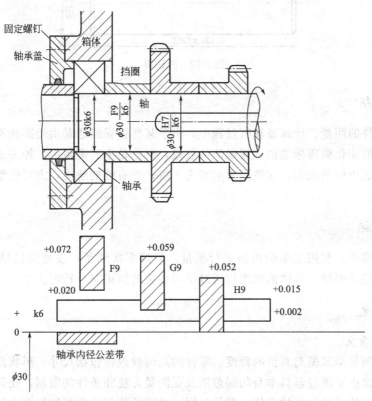

图 1-18 局部结构示意

解：

挡圈的作用是通过轴承盖及其紧固螺钉使滚动轴承和齿轮不产生轴向窜动，要求挡圈两端面平行，而对尺寸的精度要求不高，为了装配方便，挡圈孔和轴的配合要求为间隙配合。挡圈和轴之间无相对运动，挡圈尺寸对运动精度无影响，为了好加工，其孔的公差等级确定为 IT9。

要使挡圈孔和轴的配合为间隙配合，有两种办法：一是挡圈孔做大；二是将轴做成基本尺寸相同而极限偏差不同的阶梯轴，使与挡圈孔配合处的轴做小。显然，后一种方法，轴的加工困难，挡圈装配也不方便。为此，应使挡圈孔的公差带向基准孔公差带 φ30H9 的上方移动。经过公差带 φ30G9 和 φ30F9 的试选，由图 1-18 中可以看出，采用公差带 φ30F9 较为合适。此时，挡圈孔和轴的配合为间隙配合，即 φ30F9/k6。

任务四　认识误差

🔵 任务描述

测量如图 1-19 所示的圆柱销长度和直径，其数值都在图 1-19 所要求的范围内，该零件加工后在三坐标机上进行测量。检测在实际使用中能否达到使用要求。

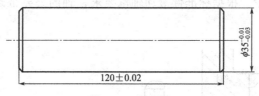

$\phi 35^{-0.01}_{-0.03}$

120 ± 0.02

图 1-19　圆柱销

🔵 任务分析

在对该零件的测量、计算或观察过程中，由于某些错误或通常由于某些不可控制的因素的影响而造成的变化偏离标准值或规定值的数量，误差是不可避免的。加工或测量时，由于各种因素会造成少许的误差，这些因素必须去了解，并有效的解决，方可使整个测量过程中误差减至最少。

🔵 任务实施

根据使用要求，利用三坐标机器进行测量。经过多次测量，发现圆柱销有较大的圆柱度，未能达到使用要球。具体的原因就通过学习相关的知识来分析吧。

🔵 知识拓展

1. 误差的含义

误差是指测量结果偏离真值的程度。零件的几何参数：包括尺寸、形状及位置参数等。

误差的概念由于测量器具本身的误差以及受测量方法和条件的限制，任何测量过程中测量所得的值不可能是被测量的真值，即使对同一被测的几何量重复进行多次测量，其测量所得的值也不会完全相同。测量结果减去被测量的真值所得的差，即为测量误差，简称误差。任意一个误差，均可分解为系统误差和随机误差的代数和，即可用下式表示：误差＝测量结果－真值＝随机误差＋系统误差。

2. 误差的分类

根据误差的性质和产生的原因，误差可分为三类：系统误差、随机误差和粗大误差。

（1）系统误差

系统误差是指在同一条件（指方法、仪器、环境、人员）下多次测量同一物理量时，结果总是向一个方向偏离，其数值一定或按一定规律变化。系统误差的特征是具有一定的规律性的。

系统误差的来源有以下几个方面。

① 仪器误差　它是由于仪器本身的缺陷或没有按规定条件使用仪器而造成的误差，如

螺旋测径器的零点不准、天平不等臂等所造成的误差。

② 理论误差　它是由于测量所依据的理论公式本身的近似性，或实验条件不能达到理论公式所规定的要求，或测量方法不当等所引起的误差。

③ 个人误差　它是由于测量者本人生理或心理特点造成的误差，如有人用秒表测时间时，总是使之过快。

④ 环境误差　它是因外界环境性质（如光照、温度、湿度、电磁场等）的影响而产生的误差。如环境温度升高或降低，会使测量值按一定规律变化。

产生系统误差的原因通常是可以被发现的，原则上可以通过修正、改进加以排除或减小。分析、排除和修正系统误差，要求测量者有丰富的实践经验。这方面的知识和技能将在本书的相关任务中逐步地给予介绍，希望同学们可以很好地掌握。

（2）随机误差

在相同测量条件下，多次测量同一物理量时，误差时大时小、时正时负，以不可预定的方式变化着，这种误差称为随机误差，有时也叫偶然误差。

引起随机误差的原因也很多，与仪器精密度和测量者的感官灵敏度有关。如，无规则的温度变化、气压的起伏、电磁场的干扰、电源电压的波动等引起的测量值的变化，这些因素不可控制，又无法预测和消除。在这个意义上，测量对象的真值是永远不可知的，只能通过多次测量获得均值以尽量逼近真值。

（3）粗大误差

由于测量者过失，如实验方法不合理、用错仪器、操作不当、读错数值或记错数据等引起的误差，是一种人为的过失误差，也称为粗大误差。这种误差不属于测量误差，只要测量者具备严肃认真的态度，过失误差是可以避免的。在数据处理中要把含有粗大误差的异常数据加以剔除。

学 后 测 评

1. 什么是互换性？
2. 互换性有哪几种类型
3. 举例说明日常生活中有哪些产品具有互换性？并说明哪些产品具有完全互换性？哪些产品具有不完全互换？
4. 什么是标准？什么是标准化？两者的关系是什么？
5. 什么是极限尺寸？什么是尺寸公差？
6. 极限尺寸与尺寸公差有什么区别和联系？
7. 什么是极限尺寸？什么是尺寸公差？
8. 极限尺寸与尺寸公差有什么区别与联系？
9. 机械零件配合有哪三种类型？请分别画出它们的配合示意图。
10. 国家标准规定的配合制度有哪两种？它们的区别是什么？
11. 什么是误差？误差分为哪几类？
12. 在生产加工过程中，机床精度产生的误差属于什么误差？在测量零件过程中产生的误差又属于什么误差？

项目二 技术测量基础常识

现代制造技术的提高，对测量技术在测量精度与方法上提出了更高的要求，从而使测量技术在现代制造技术中得到了迅速的发展和普及，为机械制造中工件的互换性和产品质量提供了更好的保证。机械零件要实现互换性，除了要合理地规定公差，还需要在加工的过程中进行正确地测量和检验，只有通过测量和检验判定为合格的零件，才具有互换性。

● 知识目标

① 了解技术测量常用名词、术语及定义；
② 熟悉测量的四要素；
③ 熟悉测量方法的类型；
④ 认识测量仪器的种类；
⑤ 清楚测量基准面和定位形式的选择；
⑥ 掌握测量误差产生的原因。

● 能力目标

① 能正确选用测量方法、测量条件；
② 能合理选用各种测量仪器；
③ 能做到有效减少测量误差。

任务一 技术测量的概述

● 任务描述

本任务是对图 2-1 型芯进行检测，该如何正确合理选用测量仪器、测量方法对零件进行测量？

● 任务分析

图 2-1 型芯零件，需检测部位有长度尺寸、内孔尺寸、深度尺寸、形位误差，需要量具有三用游标卡尺、外径千分尺、内径千分尺、百分表、刀口角尺、塞尺等，如图 2-2 所示。

一、被测零件

二、所用量具

所用量具见图 2-2。

● 任务实施

一、合理选择量具

① 长度尺寸 (80 ± 0.02)mm，(50 ± 0.02)mm，(30 ± 0.02)mm，(20 ± 0.02)mm，

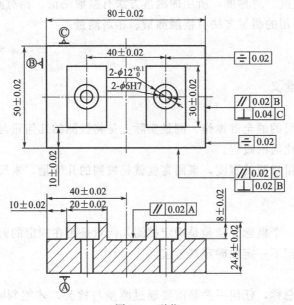

图 2-1　型芯

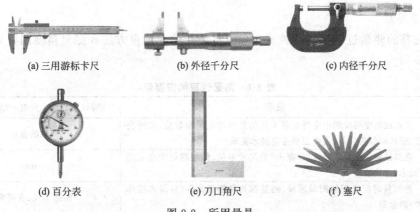

(a) 三用游标卡尺　　　(b) 外径千分尺　　　(c) 内径千分尺

(d) 百分表　　　(e) 刀口角尺　　　(f) 塞尺

图 2-2　所用量具

(24.4±0.02)mm，(8±0.02)mm 用三用游标卡尺（0～150mm，分度值 0.02mm）或外径千分尺（0～25mm，25～50mm，75～100mm 分度值 0.01mm）测量。

② 深度（8±0.02）mm，（10±0.02）mm，用三用游标卡尺的深度尺进行测量。

③ 内孔 2-ϕ6H7，用内径千分尺（5～30mm，分度值 0.01mm）测量，内孔 2-ϕ12±0.1mm 用三用游标卡尺的内量爪进行测量或用光滑极限量规来检测。

④ 平行度 $\boxed{//\,|\,0.02}$ 三处，对称度 $\boxed{\div\,|\,0.02}$ 两处，用百分表来测量误差。

⑤ 垂直度 $\boxed{\perp\,|\,0.02}$ 两处，是用刀口角尺与塞尺进行测量或用百分表来测量。

⑥ 两内孔的中心距（40±0.02）mm，用三用游标卡尺测量。

二、合理选择测量方法

① 长度尺寸，所用的测量方法有单项测量、接触测量、绝对测量。

② 深度尺寸，所用的测量方法有单项测量、接触测量、绝对测量或相对测量。

③ 孔径尺寸，所用的测量方法有单项测量或综合测量、接触测量、绝对测量。

④ 平行度、垂直度、对称度，所用的测量方法有接触测量、相对测量。

⑤ 孔中心距，所用的测量方法有接触测量、相对测量。

知识拓展

一、技术测量的含义

1. 测量

是以确定量值为目的的全部操作。测量实际上是将被测的几何量与具有计量单位的标准量进行比较，确定其比值的过程。

例如：用米尺测量桌面的宽度，桌面宽度就是被测的几何量，米尺的刻度就是计量单位的标准量。

2. 检验

是与测量相似的一个概念。检验是确定被测几何量是否在规定的验收极限范围内，从而判定零件是否合格，但不一定要确定其量值。

3. 检测

是测量与检验的总称，任何零件都需要通过测量与检验，才能判断其是否合格。因此，检测是保证产品精度的重要前提，是实现零件互换性生产的基础，是生产制造过程中的重要环节。

4. 测量要素

一个完整的测量过程都包含被测对象、计量单位、测量方法和测量精度四个要素。具体内容见表 2-1。

表 2-1　测量过程的四要素

四要素	说明	举例（用游标卡尺对一轴径的测量）
被测对象	在机械精度的检测中主要是有关几何精度方面的参数量：尺寸公差、形状和位置公差、表面粗糙度等技术要求	轴的直径
计量单位	在机械制造中我国通常以"毫米"为尺寸单位，精密测量中常采用"微米"为单位	mm
测量方法	指测量时所采用的测量原理、测量器具和测量条件（环境和操作者）的总和	游标卡尺、直接测量
测量精度	指测量结果与被测量真值的一致程度。当某量能被确定并排除所有测量上的缺陷时，通过测量所得到的量值为真值	±0.02mm

表格中所举的用游标卡尺对一轴径的测量，就是将被测量对象（轴的直径）用特定测量方法（游标卡尺）与长度单位（毫米）相比较，若其比值为 20.36，测量精度±0.02mm，则测量结果可表达为 (20.36±0.02)mm。

二、计量单位

1. 长度单位

① 法定长度计量单位：我国采用米（m）为基本单位。

② 机械制造中常用长度计量单位：毫米（mm），并规定在图样上可不标注单位符号。在精密测量中采用微米（μm）；在超精密测量中采用纳米（nm）如表 2-2。

③ 英制单位：在生产实践中，有时还会遇到长度的英制单位，其换算关系是

$$1 英尺 = 12 英寸 (in)$$

$$1 英寸 (in) = 25.4mm$$

表 2-2 长度计量单位

单位名称	符号	与基本单位的关系
米	m	基本单位
毫米	mm	$1mm=10^{-3}m(0.001m)$
微米	μm	$1\mu m=10^{-6}m(0.000001m)$
纳米	nm	$1nm=10^{-9}m(0.000000001m)$

2. 角度单位（如表 2-3）

表 2-3 角度计量单位

单位名称	符号	与基本单位的关系
度	°	基本单位 $1°=(\pi/180)rad=0.0174533rad$
分	′	$1°=60'$
秒	″	$1'=60''$
弧度	rad	基本单位 $1rad=(180/\pi)°=57.29577951°$

三、常用器具的分类

图 2-3 所示为常用量具、量仪，能说出这些量具的名称吗？知道这些量具的作用吗？

图 2-3 常用量具量仪

量具是测量仪器与测量工具的总称。通常讲的量具是指结构比较简单的测量工具，如钢直尺、卡尺等量具。结构比较复杂的量具称为测量仪器（简称量仪），这些仪器可以将直接测量的数值转换成可直接观察的指示值或等效信息，如表面粗糙度仪、三坐标测量仪等。

在机械制造过程中会遇到各种各样的零件，不但要掌握使用各种各样的量具来检测零件加工质量的本领，还要针对一些特殊的、不能用通用量具进行检测的零件，掌握设计、制作一些特殊量具进行零件加工质量检测的本领，这样才能保证加工的零件能够符合生产实际的需要。由此可见，对于一名优秀的技术工人，熟练掌握测量工具的种类及用途是非常重要的。

为了在不同测量场合正确选择测量工具，更好地做好测量工作，有必要对一些常规量具的名称、品种、规格及其用途做一定的了解。常用的量具种类及用途说明如下。

1. 量块

量块是无刻度的平面平行端面量具，除了作为标准器具进行长度值传递以外，还可以用作标准块来调整仪器、机床或直接测量零件。表 2-4 所示是常用量块的种类及用途。

表 2-4　常用量块的种类与用途

名称	外观图	规格		用途
		制造精度等级	检定精度等级	
卡尺量块		00、0、1、2、3、K级	1、2、3、4、5、6级	适用于游标卡尺，千分尺等量具的检定
公制量块		00、0、1、2、3、K级	1、2、3、4、5、6级	用于调整、校正或检验测量器具、仪器和精密机床
角度量块		00、0、1、2、3、K级	1、2、3、4、5、6级	用于检定万能角工度尺、角度样板、零件内外角和精密机床加工中的角度调整等
表面粗糙度量块		—	—	主要用于比较法检测零件的表面粗糙度

2. 角尺类

角尺类量具是检测零件角度、垂直度与位置度等的必备工具。表 2-5 是常见角尺类量具。

3. 直尺、卡尺类

直尺、卡尺是最常用的量具，结构简单、使用方便，测量的尺寸范围较大，应用范围很广。表 2-6 是常用直尺与卡尺的种类与用途。

表 2-5　常用角度类量具

名称	外观图	规格	用途
刀口角尺		50mm×40mm 70mm×50mm 100mm×70mm 150mm×100mm 200mm×130mm	用于检验直角误差、位置误差
宽座角尺		63mm×40mm 125mm×80mm 200mm×125mm 315mm×200mm 500mm×315mm	用于精确测量工件内角、外角的垂直偏差
多刃角尺		前角 25°~后角 35°,分度值有 1′	用于分布在圆柱面或圆柱端面上的刃齿的前角和后角的测量
游标万能角度尺		0°~320°,分度值有 2′或 5′	用于工件的各种内外角度测量
组合角尺		测量范围 0°~180°, 示值误差±15′,分度值 1°	适用于机械加工、要模加工的角度测量、深度测量、高度测量和角度画线等

表 2-6　常用直尺与卡尺的种类与用途

名称	外观图	常用规格/mm	分度值/mm	用途
钢直尺		0~150 0~300 0~600 0~1000	0.5 1	量精度较低的长度、测距离
三用游标卡尺		0~125 0~150 0~200 0~300	0.02 0.05	测量内径、外径、深度、长度
双面游标卡尺		0~200 0~300	0.02 0.05	测量内径、外径、长度
单面游标卡尺		0~300	0.02 0.05	测量大型工件、台阶
		0~500	0.02 0.05 0.10	
		0~1000	0.05 0.10	
深度游标卡尺		0~200 0~300 0~500	0.02	测量深度
数显卡尺		0~150	0.01	用途同三用游标卡尺,但测量精度高、效率高
带表卡尺		0~150	0.02	用表式机构代替游标读数,测量准确

4. 千分尺类

千分尺也称为螺旋测微器，它是利用螺旋副的运动原理进行测量与读数的一种测微量具，也是工厂生产中使用最广泛的量具之一。根据不同的用途，千分尺的种类繁多，常用的千分尺分类及用途如表 2-7 所示。

表 2-7　常用的千分尺分类及用途

名称	外观图	常用规格/mm	分度值/mm	用途
外径千分尺		0～25 25～50 50～75	0.01 0.001	用于外尺寸的精密测量
内径千分尺		5～30 25～50 50～75	0.01	用于各类内径尺寸的精密测量
深度千分尺		0～25 25～50 50～75 75～100	0.01	主要用于测量孔、沟槽深度,台阶及两平面距离
螺纹千分尺		0～25 25～50 50～75 75～100	0.01	主要用于测量螺纹中径尺寸
公法线千分尺		0～25 25～50 50～75 75～100	0.01	主要用于螺纹、齿轮公法线及纸张厚度等测量
数显千分尺		0～25 25～50 50～75 75～100	0.001	用途同外径千分尺,但测量准确迅速

5. 量规类

量规是一种没有刻度的，用以检验零件尺寸、形状、相互位置的专用检验工具，它只能判断零件是否合格，而不能得出具体的零件尺寸。

量规结构简单、检测方便，特别适合于批量生产的零件检测。量规的种类很多，常用的量规及其用途如表 2-8 所示。

6. 量表类

量表测量方便、快速，但仅为定性测量，误差方面的测量与分析，如果要判断出具体的测量数据，就必须使用各类量表。常用量表分类及用途如表 2-9 所示。

表 2-8 常用的量规分类及用途

名称	外观图	常用规格	用途
光滑极限量规		H6、H7、H8	主要用于光滑孔内径的检测
		h6、h7、h8	主要用于光滑轴外径的检测
螺纹量规		M6、M8、M10、M12、M16、M20、M24、M32	主要用于孔径、孔距、内外螺纹的检测
莫氏圆锥量规		0♯、1♯、2♯、3♯、4♯、5♯、6♯	用于检查机床与工具的圆锥孔与圆锥柄的锥度与尺寸的正确性
7∶24 圆锥量规		30♯、40♯、45♯、50♯、55♯、60♯	用于满足机床制造业锥体制件的互换,实现锥度传递与检测
量针		1.553、1.732、1.833、2.050、2.311、2.959、2.886、3.106、3.177	主要用于测量螺纹中径
正弦规		100×25、100×80、200×40、200×80、300×150	主要配合量块使用,测量工件角度和内、外锥体
塞尺		最薄的为 0.02mm,最厚的为 3mm	用通止法判断所需检测的缝隙的间隙大小

表 2-9 常用量表分类及用途

名称	百分表	千分表	杠杆百分表	杠杆千分表	内径量表
外观图					
常用规格/mm	0~3 0~5 0~10	0~1	0~0.8	0~0.2 0~0.12	ϕ50~ϕ100 ϕ50~ϕ160 ϕ100~ϕ160 ϕ160~ϕ250
分度值/mm	0.01	0.001	0.001	0.001 0.002	0.001
用途	校正零件或夹具的安装位置,检验零件的形状精度或相互位置精度;百分表适用尺寸精度:IT6~IT8 级,千分表适用尺寸精度:IT5~IT7 级		主要用于测量形位误差,也可用比较测量的方法测量实际尺寸,还可测量小孔、凹槽、孔距、坐标尺寸等		主要用于测量内径尺寸,有可换测头,测量范围大

四、常用量具的基本技术指标

常用量具具有一些共同的基本特性，即每一种量具均有基本的技术指标，这些技术指标中最常见的主要包括以下几项。

1. 刻度间距（又称分度间距）

刻度间距是指量具刻度盘或标尺上两相邻刻线中心间的距离，一般取 1～2.5mm。如图 2-4 所示的游标卡尺刻度间距为 1mm。

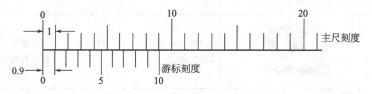

图 2-4　游标卡尺刻度间距

2. 分度值

分度值是指量具每刻线间距所代表的被测量值。一般的长度量具的分度值有 0.1mm、0.01mm、0.001mm、0.0005mm 等。分度值是一种测量器具所能直接读出的最小单位量值，它既反映了读数精度的高低，又反映了测量器具的测量精度高低。分度值越小，测量器具的精度越高。

3. 测量范围

测量范围是指测量器具所能测量的被测量值的最大与最小范围值。例如，外径千分尺的测量范围有 0～25mm，25～50mm 等，游标卡尺的测量范围有 0～125mm，0～150mm 等。

4. 测量力

测量力是指在接触式测量过程中，测量器具测头与被测工件表面间的接触压力。测量力太大会引起弹性变形，测量力太小会影响接触的稳定性。较好的测量器具一般均设置有测量力控制装置。

五、测量方法的分类

测量方法是指完成测量任务所用的方法、量具或仪器，以及测量条件的总和。当没有现成的量具或仪器时，需要自行拟订测量方法，这就需要根据被测对象和被测量的特点（形体大小、精度要求等）确定标准量，拟订测量方案、工件的定位、读数和瞄准方式及测量条件（如温度和环境要求等）。

测量方法可以根据被测量类别的不同、测量条件和实验数据处理方法的不同进行分类。

（1）单项测量和综合测量

① 单项测量　一次测量中只测量一个几何量的量值。

② 综合测量　一次检测中可得到几个相关几何量的综合结果，以判断工件是否合格。

（2）绝对测量和相对测量

① 绝对测量　从量具或量仪上直接读出被测几何量数值的方法（图 2-5）。

② 相对测量（比较测量或微差测量）　通过读取被测几何量与标准量的偏差来确定被测几何量数值的方法（图 2-6）。

（3）接触测量和不接触测量

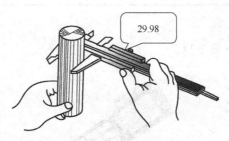

图 2-5　绝对测量

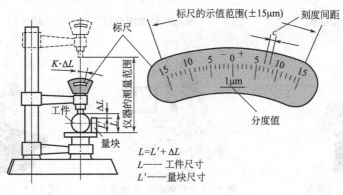

图 2-6　相对测量

① 接触测量　指被测表面与测量工具的测头有机械接触并有机械作用力的测量方法。按接触形式可分为点接触、线接触和面接触。

② 不接触测量　指被测表面与测量工具的测头不直接接触的测量方法。

（4）直接测量和间接测量

① 直接测量　直接用量具或量仪测出被测几何量值的方法，是常用的测量方法（图2-7）。

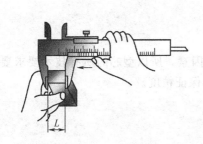

图 2-7　直接测量

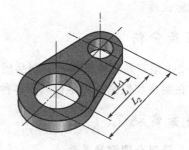

图 2-8　间接测量

② 间接测量　先测出与被测几何量相关的其他几何参数，再通过计算获得被测几何量值的方法（图2-8）。

（5）主动测量和被动测量

① 主动测量　也称在线测量，是把加工过程中测量所得信息直接来控制加工过程，以得到合格工件的测量。

② 被动测量　也称线外测量，是测量结果不直接用于控制加工精度的测量。

加油站

其他量仪见图 2-9～图 2-14。

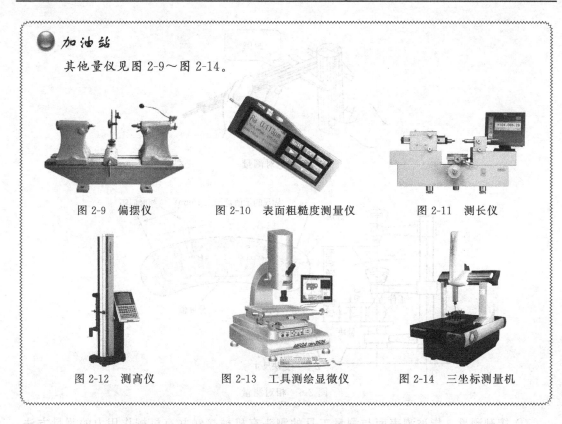

图 2-9　偏摆仪　　　　　图 2-10　表面粗糙度测量仪　　　　　图 2-11　测长仪

图 2-12　测高仪　　　　　图 2-13　工具测绘显微仪　　　　　图 2-14　三坐标测量机

任务二　技术测量基本知识

任务描述

在图 2-1 型芯的检测任务中要会如何合理选用测量条件？如何确定测量基准？知道如何降低测量误差？

任务分析

图 2-1 型芯是直接影响塑料制品质量好坏的重要因素，所以型芯的所有技术要求要严格控制，在制造和检测过程尽量减少各种误差的产生，保证精度。

任务实施

一、选用合理测量条件

1. 温度

把加工后零件与量具、量仪置于同一温度环境中，经过一定的时间，使两者温度趋向一致。室温一般在 20℃±5℃。

2. 湿度

检测室的相对湿度一般规定为 60%～70%，潮湿易引起零件及量具锈蚀。

3. 测量力

接触式测量时人对量具施加的测量力不应过大或过小，以免造成较大的测量误差。

4. 测量数值处理

同一个尺寸的测量，需测量 3～5 次取平均值作为该尺寸的最终测量结果值。

二、测量基准

1. 基准统一

测量时的基准面要与加工时的工艺基准面一致，检测者要与制造者交流信息，以免基准不一造成较大误差。

2. 测量基准的选用

对型芯的平行度、垂直度、对称度检测时注意测量基准的正确选用。

知识拓展

一、测量方法的选择

在测量中为了提高测量结果的准确度，必须正确选择测量方法。

1. 阿贝原则

在测量时，测量装置需要移动，而移动方向的正确性通常由导轨来保证。由于导轨有制造和安装等误差，因此使测量装置在移动中产生方向偏差。为了减小这种方向偏差对测量结果的影响，1890 年德国人艾恩斯·阿贝提出了以下指导性的原则："将被测物与标准量尺沿测量轴线在直线排列"。这就是阿贝测长原则，即被测尺寸与作为标准的尺寸应在同一条直线上，按串联的形式排列，只有这样，才能得到精确的测量结果。

2. 比较原则

比较原则是将被测量件与标准长度进行比较，得到的测量结果。

3. 圆周封闭原则

在圆周分度器件（如刻度盘、圆柱齿轮等）的测量中，利用在同一圆周上所有分度夹角之和等于 360°，也即所有夹角误差之和等于零的这一自然封闭特性。在角度测量中更为重要。在没有更高精度的圆周分度基准器件的情况下，采用"自检法"或"互检法"也能达到高精度测量的目的。

4. 选择合适的测量力

测量力是指测量时工件表面承受的测量压力。由于各种材料受力后都会产生变形，这种变形量看起来不大，但在精密测量中，尤其对小尺寸零件就必须予以考虑。在检验标准中，规定了测量过程中应视测量力为零。如果测量力不为零，则应考虑由此而收起的误差，必要时应予以修正。

二、测量器具的选择

正确地选择合适的测量器具既是测量中的重要环节，又是一个综合性的问题，要具体情况具体分析。应根据零件的特点，选择最合适的测量方法，既能保证测量准确度又能满足经济上的合理性，即考虑选用测量器具的效率和成本。选用测量器具的原则如下。

① 保证测量准确度。选用测量器具的主要依据是被测零件的公差等级，即测量器具的性能指标（示值误差、示值变动性和回程误差）能否符合作为检测零件的公差等级的要求。

② 经济上的合理性。在保证测量准确度的前提下，应选用比较经济，测量效率较高的测量器具。按被测零件的加工方法、批量和数量选择测量仪器。

③ 根据被测零件的结构、特性，如零件的大小、形状、质量、材料、刚性和表面粗糙度等选用测量器具。按零件的大小确定所选用的仪器测量范围。零件材料的软硬、形状不

同，其测量方法也就不同，测量的难度同样相差很大。

④ 按被测零件所处的状态和所处的条件选择测量仪器。

三、测量基准面和定位形式的选择

在精密测量中，测量基准面和定位形式的选择具有相当重要的作用，若测量基准面和定位形式选择不当，会直接影响测量精度。

1. 基准统一原则

测量基准面的选择，要尽量遵循五基准统一原则，即设计基准、工艺基准、来加工基准、装配基准和测量基准等基准面必须一致。但有时会出现工艺基准面不能和设计基准面一致的情况，因而测量基准面要根据工艺过程的不同而改变，具体应遵循如下原则。

① 在工序间检验时，测量基准面应与工艺基准面一致。

② 在终结检验时，测量基准面应与装配基准面一致。

③ 同时，在不能遵循基准统一原则时，可以选择相应的基准作为辅助基准。辅助基准面的选择应遵循如下原则。

· 选择较高精度的面（点或线）作为辅助基准，若没有合适的辅助基准面时，应事先加工一辅助基准面作为测量基准面。

· 基准面的定位稳定性要好。

· 在被测参数较多的情况下，应选择精度大致相同、各参数间关系较密切、便于控制各参数的面（点或线）作为辅助基准。

2. 正确选择定位形式

即使正确选择了测量基准面，但如果不能正确选择与其相适应的定位方法，也不能保证测量准确度。在几何量测量中，常用的定位方法有平面、外圆柱面、内圆柱面和中心孔定位等。

四、测量条件的选择

测量条件是指测量时的外界环境条件。在测量过程中，如果对环境条件的影响不充分考虑，即使用最好的测量设备，最仔细地进行测量，测量的结果也可能是不准确的。影响测量准确度的客观条件有温度、湿度、震动、灰尘等。因此，在进行测量时，必须考虑这些因素的影响。

1. 温度

物体都有热胀冷缩的特性，同一尺寸在不同温度条件下的测量值是不同的，因此给出某零件尺寸时，必须说明其温度。零件的尺寸如果没有指明温度条件，那是没有意义的。为了使测量工作能在一个统一的标准温度下进行，在长度测量中，是以 20℃ 为标准温度的。但在实际中，无论是加工还是测量往往都不是在 20℃ 温度下进行的，因而会产生一定的测量误差。这种误差可通过物理学公式计算出来，从而可对测量结果进行修正。该公式为：

$$\Delta L = L[\alpha_1(t_1-20℃)-\alpha_2(t_2-20℃)]$$

式中　L——工件的被测尺寸，mm；

　　　ΔL——由于温度和线膨胀系数不同而引起的测量误差，mm；

　　　α_1——工件材料的线膨胀系数；

　　　α_2——量仪材料的线膨胀系数；

　　　t_1——工件的温度，℃；

　　　t_2——量仪的温度，℃。

此外，为减小温度影响，还要注意在检测前对零件进行"定温"处理。所谓"定温"，是指把零件与量具、量仪置于同一温度环境中，经过一定的时间，使两者温度趋向一致。

2. 湿度

湿度是指空气中水分的多少。精密测量时，相对湿度一般规定为 60%～70%。湿度大小一般可不必考虑，但湿度过高会影响检定结果的准确性。例如，在量块研合性的检定中，由于湿度高，往往会使平面度不合格的量块也能产生研合良好的假象，使本来研合性不合格的量块被误认为合格。湿度过大还会引起光学镜头发霉、半镀层和反射镜镀层脱落，使材料变质。

3. 防震

防震是精密测量工作的基本要求之一。所有的光学长度计量仪器的光路系统都是由反光镜、棱镜、透镜等组成的，有些反光镜是以弹簧力作为夹持力的。所以必须考虑震动对仪器结构和仪器示值的影响。震动对于精密测量工作的影响主要表现为示值不稳定，严重时甚至无法进行读数。

4. 防尘

保证精密测量工作顺利进行，空气的洁净是极重要的环境条件之一。灰尘对于精密测量危害极大。实践证明，在精度较高的产品生产中，测量和实验中发生反常规现象或严重问题，往往都与环境条件的不洁净密切相关。例如，散落在光学镜头和反光镜上的灰尘会使被测量零件或刻线影像不清晰，影响读数；散落在仪器活动部分的灰尘，会使仪器活动受到阻滞，以致影响测量的正确指示，还会加速活动部位的磨损，降低测量器具的精度，缩短其使用寿命。在防尘达不到要求的测量室里，灰尘还会划伤光学镜头、量块和平晶等。含有酸性或碱性的灰尘还会腐蚀测量器具和被测零件。

 加油站

基准的划分

① 工艺基准：指在制造过程中采用的基准。

② 装配基准：指生产中装配时用来确定零件或部件在机器中的相对位置所用的基准。

③ 测量基准：测量时所采用的基准。

④ 定位基准：加工时所采用的基准。

⑤ 工序基准：在工序图上用来确定本工序所加工表面加工后的尺寸、形状、位置的基准。

学 后 测 评

1. 测量结果与被测量真值的差，被称为（　　）

　A. 误差　　　　B. 偏差　　　C. 准确度　　　D. 不确定度

2. 用卡尺测量某圆柱体直径 10 次，某一次检测所得的示值为 14.7mm，10 次测量的算术平均值为 14.8mm。若该卡尺经检定，其误差为 0.1mm，则该圆柱体直径的最佳测量结果是（　　）。

    A. 14.6mm　　B. 14.7mm　　C. 14.8mm　　　D. 14.9mm

3. 根据老师提供的各种量具，请判断出这些量具的名称、使用场合，并能分别说出这些量具的基本技术指标，标尺间距、分度值、最大测量范围与示值范围分别是多少？

4. 请你根据老师提供的零件，分别选择出合适的量具，并说出其名称、用什么测量方法，测量基准在哪部分？

5. 请你说一说产品检测环境为什么会对测量结果造成影响？

项目三　产品质量控制技术

"质量"这个词，对任何企业来说，应该都是一个关键词。制造业，产品质量必须合格；服务业，服务质量必须优良。各行各业，无论企业大小，质量都是各行业所面临的一个课题。

知识目标

① 理解质量的定义；
② 了解产品质量的基本术语；
③ 清楚质量对于国计民生的重要意义。

能力目标

① 能知道产品加工质量的判别方法；
② 能正确选用质量检验的方式与类型；
③ 能按质量检验步骤正确进行检验产品；
④ 能掌握不合格品的处理方法。

任务一　质量的重要性及其基本术语

任务描述

教师在课堂上讲解有关"质量的重要性"的典型案例，请同学们谈谈对质量的认识，了解质量对社会及个人有什么影响。

案例　海尔砸冰箱

在青岛海尔的展览室里，至今仍保存着一个大铁锤，这个大铁锤有一个故事。1985年，海尔从德国收进了世界一流的冰箱生产线。一年后，有用户反映海尔冰箱存在质量问题。海尔公司在给用户换货后，对全厂冰箱进行了检查，发现库存中有76台冰箱虽然不影响冰箱的制冷功能，但都有小问题，时任厂长的张瑞敏带头抢起大锤将这些冰箱当众砸毁，并提出"有缺陷的产品就是不合格产品"的观点，在社会上引起极大的震动。

案例　德国的质量观

德国人的产品质量之高素来为全世界所公认。德国有句谚语"德国纽扣的寿命比婚姻还长"这一句话，说出来的却是一个严肃的话题，因为它说的意义是：当衣服已经旧得不能再旧的时候，它的扣子依然还在。对待一个纽扣能打得如此结实，纽扣的质量好、寿命又长，说明了德国人对于质量的追求几乎深入到骨髓。同样，在德国自动化的流水生产线上，为了保证质量，每一道工序都有机器反复地进行质量检验，又不时有工人进行质量检验，每隔四十分钟，还要从流水线上随机抽出一台来进行各项指标的严格检测。在世界十大名牌产品中，奔驰排名第三，在德国十大名牌产品中，奔驰名列第一位，奔驰甚至成了德国货的代名词。

　　如果你稍加留意就会发现，奔驰汽车很少做广告，因此，奔驰人的解释是"我们的质量就是最好的广告"。德国企业自进入中国市场以来，因产品质量、性能存在严重问题或服务不到位而引发的纠纷几乎没有发生过，这也从一个侧面说明了德国企业质量管理的扎实。

　　据美国《幸福》杂志报道，德国大约 30% 的出口商品是国际市场上没有竞争对手的独家产品，其价格由德国的出口商说了算。日前，德国在大型工业设备、精密机床和高级光学仪器等方面拥有无可争辩的优势。德国的产品质量是全世界公认的，虽然每种产品产量不一定是世界最高，但是质量永远是世界最高的，这也是德国人引以为豪的一种荣耀。他们要做世界上最好的工业产品，他们的产品就是世界上最好的产品。

　　案例　质量就是财富

　　由世界品牌实验室编制的 2012 年度《世界品牌 500 强》排行榜揭晓，我国进入世界品牌 500 强总数达到 23 个，而美国则有 230 个品牌入选。虽然我国已经成为世界第三大贸易国但是出口的名牌很少，是典型的"制造大国，品牌小国"。虽然 2012 年有 23 个品牌入选 500 强，但是制造业企业只有海尔、联想和长虹入选，而这三个品牌要想成长为像奔驰、通用电气那样的"品牌巨人"，还有漫长的路要走。

　　主办这一活动的"世界品牌实验室"认为"国家品牌"，对一个企业的贡献率为 29.8%。换一句话说，一旦消费者形成对一个国家产品的总体印象，他就会带着这个印象看这个国家生产的所有产品。没有品牌，就没有质量，没有质量就没有市场，没有市场就没有财富。当一个国家没有财富，这个国家就缺少了发展的动力。

🔵 任务分析

　　以上三个案例，说明了"质量"对于一个企业和一个国家都是息息相关的。产品要有好的质量才有强的生命力。

🔵 任务实施

　　① 查阅资料，上网收集有关"质量"的相关资料。
　　② 分组讨论，结合自己的经历，谈谈质量不好的产品对生命、生活带来的影响。
　　③ 总结评价：制作 PPT，展示现场搜集资料，交流对质量的认识。

🔵 知识拓展

一、质量的基本概念

　　国际标准 ISO 9000：2000 中的质量的全面定义是指"一组固有特性满足要求的程度。"国家标准 GB/T 6583 中的质量定义是"产品、过程或服务满足规定或潜在要求（或需要）的特征和特性总和。"

　　将质量按实体的性质细分，可分为产品质量、服务质量、过程质量及工作质量等。在制造业，涉及较多的是产品质量。产品质量是指产品"反映实体满足明确和隐含需要的能力和特性的总和"。

　　任何产品都是为满足用户而制造的，不论是复杂还是简单，昂贵还是低廉，是时尚还是古典的产品，都应当具有用户需要的功能和特性。产品质量功能和特性所表现出的参数和指标多种多样，产品质量可分为产品性能、寿命、可靠性、安全性、适应性、经济性等。

二、质量的基本术语

1. 质量

① 质量指一组固有特性满足要求的程度。

② 术语"质量"可使用形容词如差、好或优秀等来修饰。"固有的"（其反义是"赋予的"）就是指在某事或某物中本来就有的，尤其是那种永久的特性。

2. 要求

① 要求指明示的、通常隐含的或必须履行的需求或期望。

②"通常隐含"是指组织、顾客和其他相关方的惯例或一般做法。特定要求可使用修饰词表示，如产品要求、质量管理要求、顾客要求。规定要求是经明示的要求，如在文件中阐明的要求。

3. 质量特性

质量特性指产品、过程或体系与要求有关的固有特性。但赋予产品、过程或体系的特性如产品的价格、产品的所有者，不是它们的质量特性。

4. 质量管理

① 质量管理指在质量方面指挥和控制组织的协调的活动。

② 在质量方面的指挥和控制活动，通常包括制定质量方针和质量目标以及质量策划、质量控制、质量保证和质量改进。

5. 质量控制

质量控制是指为达到质量要求所采取的作业技术和活动。这些"作业技术和活动"的目的在于监视过程，进行控制、诊断与调整，使过程处于受控状态。质量控制是质量管理的一部分，致力于满足质量要求。

加油站

1. 质量是企业的生命

物竞天择，适者生存，当今的世界，是开放的世界，发展浪潮波涛汹涌，创业意识势不可挡，一个企业要在竞争中乘风破浪，立于不败之地，靠的是什么呢？靠的就是优良的产品质量。如果说水是生命之源，那么质量又何尝不是企业的生命呢？企业以质量谋生存。任何企业，若想在星罗棋布的同行中立足，若不讲求质量，注重信誉，那么后果不堪设想。

当今市场环境的特点之一是用户对产品质量的要求越来越高。以前，价格被认为是争取更多市场份额的关键因素，现在情况已有了很大变化。很多用户现在更看重的是产品质量，并且宁愿花更多的钱获得更好的产品质量。在今天，质量稳定的高质量产品会比质量不稳定的低质量产品拥有更多的市场份额，这个道理是显而易见的。较好的质量也会给生产厂商带来较高的利润回报。高质量产品的定价可以比相对来说较低产品的定价高一些。另外，高质量也可以降低成本，而成本降低也就意味着公司利润的增加。

质量是企业生存的奠基石，质量是企业发展的"金钥匙"，换句话说质量就是企业的生命。

一位质量大师曾预言，21世纪将是质量的世纪。质量将成为占领市场的有效武器，成为企业发展的强大动力，成为企业真正的生命力。美国一位企业家曾说过"倒了牌子的商品，想东山再起，如同下了台的总统期盼重返白宫一样，绝无可能。"产品质量的好坏，决定着企业的产品最终有无市场，影响着企业经济效益的高低，甚至关系到企业能否在激烈的市场竞争中生存和发展。

2. 质量是人类生活的保障

目前人们的日常安全和健康极度依赖工业产品的质量，如药品、食品、飞机、汽车、电梯、桥梁等，所以人类的生活需要质量大堤的保护。一旦质量大堤崩塌，劣质产品和服务的洪水猛兽就将危害人们的生活，危及人们的生命。典型的例子如1983年印度的博帕尔农药厂毒气泄漏案、至今仍然后患无穷的切尔诺贝利核电站泄漏案等，这些严重质量事故直接影响到整个社会，甚至危及国家的存亡。朱兰博士很早就提出"质量大堤"的概念来概括这些新的风险，他指出消费者的安全、健康甚至日常的福利必须置于"质量大堤"之后才能有保证，只有产品的质量有了保证，人类的生命健康、生活质量才有保证。

3. 质量是国家可持续发展的关键

质量水平的高低，反映了一个国家的综合经济力，质量问题是影响国民经济和社会发展的重要因素。为了建立世界范围的供应体系，加强对供应商和产品质量的管理，各国都在探索新质量管理方法、程序、规则，并努力寻求国际社会的认同。将质量管理纳入标准化的轨道，以国际标准规范引导国际贸易活动中的质量管理已得到世界各国的支持并在全球范围推进。质量管理标准化带来了良好的市场秩序和更高的贸易效率，也对提升产品质量和企业质量管理水平产生了巨大推动作用。

任务二　现场质量检验及不合格品管理技术

任务描述

教师在课堂上讲解"海尔的质量"的案例，请同学们查阅资料认识产品质量检验的管理方式，知道不合格品的处置方法。

案例　海尔的质量

在中国，洗衣机无故障运行达到5000次已属不易，而这次测试须达到7918次才可放行。国内一根水管只需500次实验，而日本的检测室需要在0℃以下连续测试6300次方可通过，比中国的检测次数高出10余倍。最后测试结果显示，各项性能指标均列第一的是来自中国的海尔洗衣机。

2007年1月，中国质量协会联合全国用户委员会、中国家用电器研究院在北京召开了新闻发布会，通报一项质量竞争力市场抽查测评结果。在这次包括海尔、西门子、惠尔浦等13家国内市场的强势品牌产品在内的测评活动中，结果显示：在此次抽查测评的冰箱、洗衣机两大类白色家电产品中，海尔冰箱、洗衣机双双夺冠。

任务分析

以上案例说明了质量检验的重要性，只有把好检验关，保证产品质量，才能攻占市场。如果不求实求真，一味以追求利益为主，只会砸了自己的牌子。

任务实施

① 查阅资料：上网收集有关"质量检验"与"不合格品处理"的相关资料。

② 分组讨论：分小组讨论质量检验的形式、步骤及重要性，对已经产生的不合格品该如何处理。

③ 总结评价：制作 PPT，展示现场搜集资料，交流对质量检验及不合格品处理方法的认识。

知识拓展

一、加工质量

1. 零件的质量

零件的质量包括物理特征质量与几何特征质量。物理特征质量主要包括零件所用材料的强度、硬度、弹性、刚度等物理机械特征，几何特征质量则包括零件表面的尺寸、形状和相互位置以及表面粗糙度等几何机械特征。

2. 零件的加工质量

机械切削加工过程中，零件的加工质量主要包括加工精度和表面粗糙度两个方面，这是判断零件加工质量好坏的两个主要指标。

二、质量检验的方式

对产品的一个或多个质量特性进行观察、试验、测量，并将结果和规定的质量要求进行比较，以确定每项质量特性合格情况的技术性检查活动就称为质量检验，质量检验具有检查、把关、预防、报告等作用。

1. 按检验的形式划分

(1) 全数检验

全数检验是指对一批待检产品进行全体检验的一种方式。这种检验方式，产品质量比较可靠，同时能够提供较全面的质量信息。如果希望检查得到百分之百的合格品，唯一可行的办法就是进行全检。这种检验方式会受到检验人员长期重复检验的疲劳程度、检验人员检验技术水平的限制以及检验工具的迅速磨损等因素影响，可能导致较大的漏检率和错检率。据国外统计，这种漏检率和错检率有时可能会达到 $10\%\sim15\%$。

全数检验能保证产品质量，但它不是一种科学的方法，而且实际检验中有时是不能执行的。例如当检验是破坏性时，全数检验就不适用，如照相机的耐久性试验，就不能采用全数检验。

(2) 抽样检验

抽样检验是指根据数理统计原理所预先制定的抽样方案，从交验的一批产品中，随机抽取部分样品进行检验，根据检验结果，按照规定的判断准则，判定整批产品是否合格，并决定是接收还是拒收该批产品的一种检验方式。只要使用抽样检验方式，漏检绝对不可避免。

抽样检验与全面检验的不同之处，在于全面检验需对整批产品逐个进行检验，而抽样检验则根据样本中的产品的检验结果来推断整批产品的质量，明显地节省工作量。如果推断结果认为该批产品符合预先规定的合格标准，就予以接收，否则就拒收。在破坏性试验（如检验产品的寿命）以及包装产品（如矿产品、粮食）和连续产品（如棉布、电线）等检验中，也都只能采用抽样检验。例如生产商检验灯泡的使用寿命，只能采用抽样检验。

（3）免检

免检是指如果可以得到有资格的单位检验过的可靠性资料，就可以不需要检验。

2. 按质量特性值划分

（1）计数检验

计数值是那些只能取几个值（也可能少到只有两个）或分类数的测量结果（有时是数字有时是说明）。计数检验就是采用计数值进行检验的一种检验方式。有些质量特性本身很难用数值表示，如产品的外形是否美观、钢筋的笔直度、食物的味道是否可口、产品污点、产品中的气泡等，只能通过感官判断它们是否合格。对这一类质量特性，只能采用计数检验。

计数检验包括计件检验和计点检验，只记录不合格数（或点），不记录检测后的具体测量数值。

还有另一类质量，如产品的不合格品数、产品的尺寸等虽然也可以用数值表示，也可以测量。但在大批量生产中，为了提高效率，节约人力和费用，常常只用"过端"和"不过端"的卡规检查是否在上下公差范围以内，也就是只区分合格与不合格品，而不测量实际的尺寸大小。例如测量孔用的塞规，有大端与小端直径，如果小端直径能塞入孔内，而大端直径不能塞到孔内，说明孔径符合要求，加工零件是合格品，反之，加工零件为不合格品。再如球轴承的直径是否合格也可用卡规检查。这类数值都可以测量，但在实际中，不需要测量和记录具体的数值，对它们也只进行计数检验。

（2）计量检验

计量检验就是测量和记录质量特性的数值，并根据数值与标准值对比，判断是否合格。计量值为连续分布的一定范围内的数值体系，是由诸如尺子或千分尺这样的连续刻度上获得的测量结果。如长度公差 100mm±0.2mm，该尺寸范围为 99.8～102mm。再如一根钢筋的直径、一种漆的涂层厚度、一注塑模具的温度、一旋转机械的转动速度、一铸件的重量等都为计量数值。在工业生产中有很多这样的数据，所以这种检验应用量大并且被广泛使用。计数检验与计量检验比较见表 3-1。

表 3-1　计数检验与计量检验比较

分类 项目	计数检验	计量检验
质量特性	用合格与不合格分别表示，或者使用缺点数表示	用特性数值表示
检验方法	检验时不需要熟练 检验时所需时间短 检验设备简单，检验费用低 计算记录简单 计算简单，几乎不必计算	一般在检验时需要熟练的技能 检验时所需时间长 检验设备复杂，检验费用高 检验记录复杂 计算复杂

3. 按检验的地点划分

（1）固定检验

所谓固定检验，是指在生产车间内设立固定的检验站进行质量检验的一种方式。这种检验站属于专用的，并构成生产线的有机组成部分，只固定用于某种质量特性值的检验。例如硬度的检验，可设置专门用于硬度检验的车间；再如汽车的性能检测，也应设置专用的检测车间。

（2）流动检验

流动检验即临床检验，是由检验人员到工作地区进行检查的检验方式。

4. 按检验目的划分

（1）验收性质的检验

验收性质的检验是指为了判断产品是否合格，从而决定是否接收该批或该件产品的检验方式。验收检查是广泛存在的形式，如原材料、外协件、外购件的进厂检验，半成品入库前的检验，产品出厂前检验，都属于验收检验。

（2）监督性质的检验

监督性质的检验是指为了控制生产过程的状态，检定生产过程是否处于稳定状态的检验方式。这种检验的目的不是为了判定产品是否合格，是接受还是拒收该批产品，而是实施对生产过程的监控，所以，这种检验也称为过程检查，可以预防大批不合格品的产生。例如生产过程中的巡回检验，使用控制图时的定时检验，都属于这类检验。抽查的结果只是作为一个监控和反映生产过程状态的信号，以便决定是继续生产，还是要对生产过程采取纠正调整的措施。

三、质量检验的基本类型

在实际的质量检验活动中，质量检验的基本类型可分为进料检验、工序检验、成品检验三种。检验的重点应控制在生产过程中，在产品生产过程中加强质量监控，出现问题及时解决，最大程度减少废次品的产生，降低生产成本。

1. 进料检验

稳定的供料厂商及高品质的原材料是保证做出高品质产品的必备条件，保证原材料的质量是保证产品质量的关键。进料检验是质量控制的第一关，检验手段及立场直接影响到后工序的批量投产，如果前面没有有效地检验到物料的不良，对后续的影响是巨大的。

进料检验时首先要确定检验标准，要求准确化、完善化，应适应本公司产品需要，使检验工作做到有据可依，有据必依，不至于发生过多的产品质量分歧。检验工作遵循"优先处理急用物料，当日物料当日检验完和针对不稳定厂商物料加严抽检"的原则，要有效地保证原材料质量及生产作业顺畅。

进料检验包括三个方面：

① 库检：原材料品名规格、型号、数量等是否符合实际，一般由仓管人员完成。

② 质检：检验原材料物理、化学等特性是否符合相应原材料检验规定，一般采用抽检方式。

③ 试检：取小批量试样进行生产，检查生产结果是否符合要求。

2. 工序检验

（1）工序检验的概念

工序检验是指在某工序加工完成以后进行的检验。产品质量的好坏，是做出来的，不是检验出来的，但是必要的工序过程检验是不可缺少的。在工序生产过程中，每道工序都应制定相应检验标准，并严格执行，应设有工序检验记录。采取自检、互检、专检相结合的原则，按技术文件要求，检验在制产品的质量特性以防止出现批量不合格，避免不合格品流入下道工序。检验员应做到首件检验、中间巡检和末件检验；操作者应做到首件送检、质量自检和互检。后道工序必须检查前道工序的产品质量，发现问题应及时处理，决不能让不合格产品流入下道工序。

（2）工序过程检验的方式

① 自检　自检就是操作者对自己生产的产品自己测量检验的方式。

操作者对自己加工的产品先实行自检，检验合格后方可发出至下道工序。这样做，可提高产品流转合格率和减轻质检员工作量。自检容易受到操作者实际测量技能水平或其他因素的影响，不易管理控制，产品质量时常出现不合格现象，自检管理流程见图 3-1。

项目	责任者	职能	管理内容	确认者	评议
自检管理	操作者	自检	首件自检(换刀、设备修理)	检查员	检查员
			中间自检(换频次规定执行)	班长	班长
			定量自检(工作/班实测尺寸)	检查员	检查员
		自分	不良品自分、自隔离、待处理	班长	车间主任
		自记	填写三检卡	质量员	质管科
			检查各票证、签字	检查员	检查员

图 3-1　自检管理流程图

② 互检　每个操作者有时都会有一种错误心态，认为自己的检验方式、手段等一定合理，自己检验的项目一定合格，所以有必要实行互检。互检是指操作者之间对加工产品按照技术标准和文件要求进行相互检验，以达到互相监督作用的。互检有利于保证加工质量，防止疏忽大意而造成批量废品。

互检的形式很多，有本班组操作者之间互检、上下道工序之间交接检验、班组长（班组质量员）对本班组操作工人加工产品进行抽检等。

在下道工序操作人员对上道员工的产品进行检验时，可以不予接收上道工序的不良品。

③ 巡检　巡检是指检验员在生产现场，按一定时间间隔或加工产品的数量间隔对有关工序的产品质量进行检验的方式。例如在该批量的生产过程中，检验员对不稳定的工序进行的定时抽样检验就是巡检。

④ 首检　首检是指对供应单位的样品进行检验的方式。在生产开始时或工序因素调整后，对制造的第一或前几件产品进行检验，这样可以观察生产工艺及生产过程是否设计规范要求，以便进一步生产或进行改善。在任何设备或制造工序发生变化以及每个工作班次开始加工前，都要严格进行首件检验。

⑤ 末检　末检是指对批产品中最后制造的产品进行检验，从而有利于全面掌握产品质量情况。

⑥ 专检　专检是指专职检验人员对产品质量进行专门的把关检验。

专业检验是现代化大生产劳动分工的客观要求，它是互检和自检不能取代的。这是由于现代生产中，检验已成为专门的工种和技术。专职检验人员无论对产品的技术要求、工艺知识和检验技能都比操作者精通，所用测量仪也比较精密，检验结果通常更可靠，检验效率也相对较高。

一般来说，关键工序、质控点也可设专检工人进行检验；而生产过程中的一般工序则以操作者自检、互检为主。专检管理流程见图3-2。

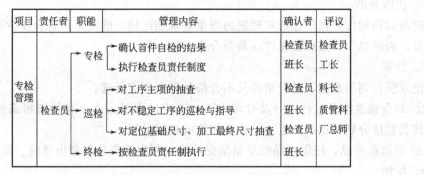

项目	责任者	职能	管理内容	确认者	评议
专检管理	检查员	专检	确认首件自检的结果	检查员	检查员
			执行检查员责任制度	班长	工长
		巡检	对工序主项的抽查	检查员	科长
			对不稳定工序的巡检与指导	班长	质管科
			对定位基础尺寸、加工最终尺寸抽查	检查员	厂总师
		终检	按检查员责任制执行	班长	

图 3-2　专检管理流程图

3. 成品检验

成品检验又称最终检验或出厂检验。

成品检验是产品质量检验的最后一道关口，对完工后的成品质量进行检验，其目的在于保证不合格的成品不出厂、不入库，以确保用户利益和企业自身的信誉。所以，成品出厂前必须进行全面的质量检验，验收合格后，方可出厂，并要做好记录以便备查。

成品检验可分为成品包装检验、成品标识检验、成品外观检验、成品功能性能检验。

（1）成品包装检验

成品包装检验主要检验包装是否牢固，是否符合运输要求等。

（2）成品标识检验

成品标识检验主要检验商标批号是否正确。

（3）成品外观检验

成品外观检验主要查看外观是否破损、开裂、划伤等。

（4）成品功能性能检验

成品功能性能检验是根据技术标准、产品图样、作业（工艺）规程或订货合同的规定，采用相应的检测方法观察、试验、测量产品的质量特性是否符合规定的要求。

四、质量检测的步骤

1. 检测准备

熟悉和掌握质量标准、检验方法，并将其作为测量和试验、比较和判定的依据。根据产品技术标准明确检验项目和各个项目质量要求；在抽样检验的情况下，还要明确采用什么样的抽样方案，使检验员和操作者明确什么是合格品或合格批，什么是不合格品或不合格批。明确掌握产品合格与否的判定依据。

2. 检测

采用一般量具或使用机械、电子仪器设备，规定适当的方法和手段测量，对产品的特性进行测量，得出一批具体数据或结果。

3. 记录

对测量的条件、测量得到的量值和观察得到的技术状态用规范化的格式和要求予以记载或描述，作为客观的质量证据保存下来。质量检验记录是证实产品质量的证据，因此数据要客观、真实，字迹要清晰、整齐，不能随意涂改，需要更改的要按规定程序和要求办理。质量检验记录不仅要记录数据，还要记录检验日期、班次，由检验人员签名，便于质量追溯，明确质量责任。

4. 比较判断

把测试得到的数据同标准和规定的质量要求相比较，确定是否符合质量要求。根据比较的结果，判断单个产品或批量产品是否合格。

5. 处置

记录所得到的数据，对合格品及不合格品做出相应处理。

① 对合格品准予放行，并及时转入下一工序或准予入库、交付销售或使用。对不合格品，按其程度分别做返修、返工、让步接收或报废处置。

② 对批量产品，根据产品批质量情况和检验判定结果分别做出接收、拒收、复检处置。

6. 反馈

把测量或试验的数据做好记录、整理、统计、计算和分析，按一定的程序和方法，把判定结果反馈给有关部门，以便促使其改进质量。

五、检测必备条件

① 有检测人员；

② 有检测方法；

③ 有检测设备；

④ 有检验标准；

⑤ 有管理制度。

六、不合格产品的控制

1. 不合格产品的基本术语

(1) 不合格品

GB/T 19000：2000 对不合格的定义为："未满足要求。"不合格包括产品、过程和体系没有满足要求，所以不合格包括不合格品和不合格项。其中，凡成品、半成品、原材料、外购件和协作件对照产品图样、工艺文件、技术标准进行检验和试验，被判定为一个或多个质量特性不符合（未满足）规定要求，统称为不合格品。

不合格品是指不符合现行质量标准的产品，包括废品、返修品和等外品三种产品。对不合格品，按其程度情况做出返修、返工、让步、降级或报废处置。

等外品，又称次品，即质量差，不能列入等级的产品。等外品通常称为超差利用品，即指虽不符合现有产品质量标准，但却可使用的产品，这种产品投放市场的前提是它不会造成安全问题。

等外品不是处理品。处理品是指厂方、商家由于特殊原因需降价处理的产品，处理品既包括有"瑕疵"的产品，还包括积压、落后、过时的产品等。

(2) 返工

返工是为使合格产品符合要求，对其采取的措施。返工的目的是为了获得合格品，如零件加工的尺寸偏大，可重新返工达到标准要求，但返工之后产品可能是合格品，也可能是不合格品，所以要求重新提交检验。

例如：一个轴的直径工艺要求为 100mm±1mm，实际加工出来为 102mm，显然不合格，这时可采用返工措施。车削了 2mm，使轴径为 100mm，这时轴就合格了，这就是返工。但如果车削了 4mm，轴径变成了 98mm，则轴成了不合格品。所以返工后的产品必须要重新提交检验，防止返工带来的不合格品。

（3）返修

返修是为使不合格产品满足预期用途而对其所采取的措施。返修与返工的区别在于返修不能完全消除不合格品，而只能减轻不合格品的程度，使不合格品尚能达到基本满足使用要求而被接收的目的。也就是说，经返修后无论如何也达不到原标准的要求，但是不影响用户的使用，对返修的产品可降级使用。

例如：一个零件的孔径工艺要求 100mm±1mm，实际加工出来为 102mm，显然不合格，那么在孔内边缘贴一些材料上去，使孔径变为 100mm，保证尺寸的同时，保证了使用性能，满足了用户的使用要求。但该轴由于在内孔中添加了材料，并没有采用原有的标准，所以这是返修。

（4）让步（原样使用）

让步，也叫原样使用，指不合格品没经过返工和返修，直接交给用户。这种情况必须有严格的申请和审批制度，特别是要把情况告诉用户，得到用户的认可。例如等外品就是一种让步处置方式。

（5）降级

降级是为使不合格产品符合不同于原有要求而对其等级的改变。降级的关键是要降低其等级，而让步则不包含有"等级的改变"，直接予以使用或放行，这两者是不同的概念。

目前我国国家标准推荐，将不合格分为 3 个等级，分别表示为 A 级、B 级、C 级。

（6）报废

报废是为避免不合格产品原有的预期用途而对其采取的措施。

不合格品经确认无法返工、返修和让步接收，或虽可返工、返修但导致费用过大、不经济的均按废品处置。对有形产品而言，不合格品报废时可以回收、销毁。

2. 不合格品产生的原因

有产品就不可避免地存在不合格品，零缺陷只是组织追求的极限目标。不合格品产生的主要原因有下面几种情况。

① 企业自身在生产时产生不合格品。

② 采购的原材料包含不合格材料。

第一种原因只能通过企业内部加强质量管理来减少不合格品的产出。对于第二种原因就必须与原料供应商建立互信、互利、互助、风险共担的合作伙伴关系，把团队精神拓展到企业外部，而不能单独为了降低企业采购成本去牺牲产品的质量。

不合格品的产生往往是管理上出现问题，我们在处理问题的时候不能简单地、人为地认定，需要对生产的整个过程进行分析，重点分析产生不合格品的关键因素。

3. 不合格品的处置

（1）识别不合格品

判断产品合格与否，必须要有一个判定产品质量合格与否的标准。也就是说，只要产品质量不符合安全、卫生标准，存在着不合理的危险性，或者产品不具备基本使用性能，或者不符合生产者、销售者对产品质量做出的明示承诺，具备上述三种条件之一者，就可判定质量不合格，其产品就是不合格品。

生产现场中的不合格品，一般是指性能达不到要求的产品。一旦发现不合格品，应及时做出标识以示与合格品的区别。条件允许时，对不合格品进行隔离。

（2）记录不合格品的状况

应做好不合格品状况记录，状况记录涉及时间、地点、批次、产品编号、缺陷描述、所用设备等。做好记录后，应及时向职能部门通报。

（3）评审不合格品

评审不合格品，决定应做哪种处置，做出记录。

不合格品评审的方式视组织的具体情况而定，有的组织只需品管部做出评审结论即可，而有的组织则应由多个部门（技术、品管、生产、物控等部门）组成评审组进行。

进行不合格品评审的人员应有能力判别不合格品的处置决定，诸如互换性、进一步加工、性能、可信性、安全性及外观质量的影响。

（4）实施处置方式

对不合格品的处置一般采用返修、返工、让步、报废等措施。

产品进行报废等处理时，应按规定办理评审、批准手续，处置的情况应予以记录。

对纠正后的产品，如返工、返修后的产品，应进行再次验证，以证实符合规定的要求或满足预期的使用。

4. 不合格品处理程序图

见图 3-3。

5. 防止不合格产品产生的方法

企业在所有的管理过程中都要以产品质量为中心，防止不合格产品的产生。防止产生不合格产品，主要从以下几个方面控制。

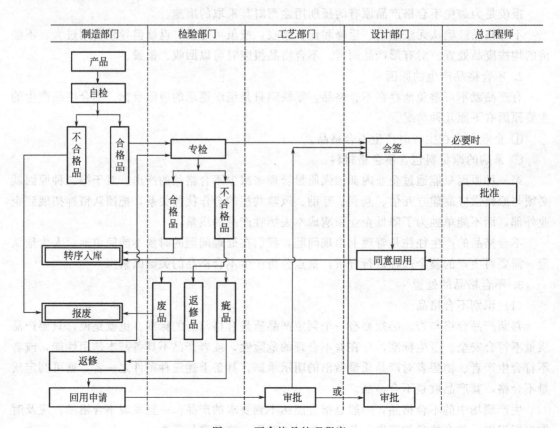

图 3-3　不合格品处理程序

（1）控制设计过程的质量

重视设计过程的质量就是要把产品的质量保证环节提前到产品开发阶段，从而保证客户的需求和期望，节省生产流程的成本，同时保证产品质量的稳定，防止因设计质量问题，造成产品质量先天性的不合格和缺陷，或者给以后的过程造成损失。在控制设计过程的质量时，可以将 PDCA 循环引入设计过程，以达到及时改进、持续改进的效应。

（2）控制进货的质量

控制进货质量，确保生产产品所需的原材料等符合规定的质量要求，防止因使用不合格原料造成不合格产品。

（3）控制生产过程的质量

这是产品质量得以保证的最重要的环节，在生产过程中，保持设备正常工作能力和所需的工作环境，控制影响质量的参数和人员技能，防止不合格品的产生。严格检验和试验，防止将不合格的工序产品转入下道工序。控制检验、测量和实验设备的质量，确保使用合格的检测手段进行检验和试验，确保检验和试验结果的有效性，防止因检测手段不合格造成产品不合格。加大全员培训，对所有从事对质量有影响的工作人员都进行培训，确保他们能胜任本岗位的工作，防止因知识或技能的不足，造成产品不合格。

（4）控制搬运、储存、包装、防护和交付

对这些环节采取有效措施保护产品，防止损坏和变质，产生不合格产品。

当发生不合格产品或顾客投诉时，即应查明原因，针对原因采取纠正措施以防止问题的再发生。还应通过各种质量信息的分析，主动地发现潜在的问题，防止不合格产品的出现，从而改进产品的质量。

 加油站

某公司不合格品处置规定

① 凡不符合图样、标准要求的半成品、成品均为不合格品。

② 通过检验对不符合标准要求的不合格品可分为废品、返修品、等外品等，但都不准流入下道工序。

③ 不合格品应按废品、返修品、等外品分别堆放，进行隔离，隔离区应有明显的标识。

④ 按批次和时间对不合格品进行登记，以便实现可追溯性。

⑤ 质量检验科组织有关人员对不合格品进行分析，查找原因，争取有效的措施。

学 后 测 评

简答题

1. 质量的定义是什么？

2. 请你说说质量对社会和个人有什么影响？

3. 请问检测工作重要吗？为什么？

4. 简述质量检测的步骤。

5. 请问现代企业对不合格品是如何处置的？

项目四　零件尺寸的测量

机械零件的技术要求很多，它包括几何形状、尺寸公差、形位公差、表面粗糙度、材质的化学成分及硬度等。测量是进行质量管理的重要手段，而尺寸的管理是制造的基本要素。本项目主要从简单零件入手，以通用量具的应用来学习尺寸测量的方法以及与测量相关的基础知识。常用的通用量具有直尺、游标卡尺、千分尺、内径百分表、专用量规等。本项目根据采用不同的量具测量零件尺寸分为五个任务实施。

知识目标

① 掌握常用量具的结构及测量方法。
② 掌握所使用量具的注意事项以及合理保养。
③ 掌握编制零件的测量数据表。

能力目标

① 能够根据零件图的要求合理选择相应的量具。
② 能够正确使用直尺、游标卡尺、千分尺、内径百分表以及专用量规等常用量具对零件进行测量。

任务一　用钢直尺测量零件长度

任务描述

如图 4-1 所示为一圆柱销，根据图纸要求选择合适的量具，对其进行测量，判断其是否符合零件图纸要求。

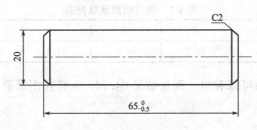

图 4-1　圆柱销零件图

任务分析

由零件图纸 4-1 可以看出，圆柱销的长度尺寸公差为 0.5mm，精度要求不高，因此可以选用规格为 150mm 的钢直尺进行测量。

器材准备：

1. 被测工件（图4-2）

2. 测量工具（图4-3）

图4-2　圆柱销

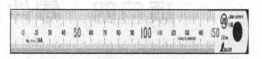

图4-3　钢直尺

📍任务实施

一、测量步骤

① 首先用棉布将圆柱销和钢直尺擦拭干净，将销的左端紧靠某一光整平面。

② 然后将钢直尺的"0"刻度与销的左端面平齐，将钢直尺的测量紧贴销的外圆表面，如图4-4所示。

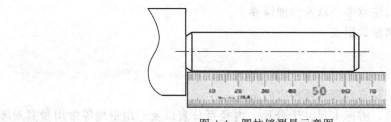

图4-4　圆柱销测量示意图

③ 观察销的右端面与钢直尺刻度对齐的位置，并读出读数。

④ 最后取5个不同位置进行测量，并记下测量结果。

二、量具维护

测量结束后将量具擦拭干净，放入指定的盒内。如果长期不使用应在量具的测量面上涂上一层工业凡士林，防止量具锈蚀。

三、填写检测报告

检测报告见表4-1。

表 4-1　圆柱销测量数据表　　　　　　　　　　　　　　　　　　mm

测量次数	1	2	3	4	5	平均值
测量值/mm	64.8	64.7	64.8	64.8	64.7	64.76

由以上数据表的结果可以看出，测量结果64.76mm符合图纸要求。

📍知识拓展

一、钢直尺

钢直尺是最简单的长度量具，长度尺寸有150mm、300mm、500mm和1000mm四种规格，图4-5所示为最常用的150mm的钢直尺。

钢直尺的精度较低，测量结果不太准确，这是由于钢直尺的刻线间距为1mm，而刻线本身的宽度只有0.1～0.2mm，所以测量时读数误差比较大，只能读出毫米数，即它的最小读数值为1mm，比1mm小的数只能估计而得。

图 4-5 150mm 钢直尺

二、钢直尺的使用

钢直尺的使用见图 4-6。

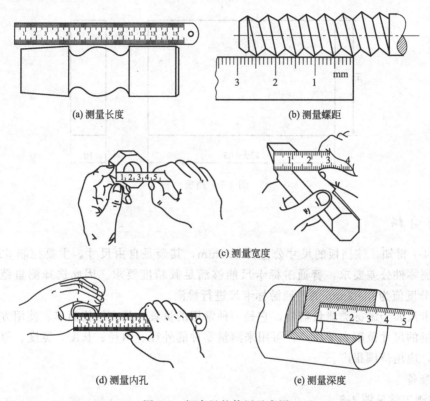

(a) 测量长度

(b) 测量螺距

(c) 测量宽度

(d) 测量内孔

(e) 测量深度

图 4-6 钢直尺的使用示意图

如果用钢直尺直接去测量零件的直径尺寸（轴径或孔径），则测量精度更差。其原因是：除了钢直尺本身的读数误差比较大以外，还由于钢直尺无法正好放在零件直径的正确位置。所以，零件直径尺寸的测量，可以利用钢直尺和内外卡钳配合起来进行。

🔵 **加油站**

钢直尺使用注意事项及保养

① 使用钢直尺测量零件，应将刻度尺贴近被测物表面，读数时视线应垂直于刻度尺。

② 由于钢直尺的精度较差，测量时应进行多次测量，取平均值为测量结果。

③ 不得弯曲钢直尺，避免弯曲过度影响精度。

④ 不得把钢直尺当工具使用。

⑤ 钢直尺使用完毕后应用棉布将其擦拭干净，且放入指定的地方。

任务二　用游标卡尺测量零件尺寸

任务描述

如图 4-7 所示零件为一挡板，主要控制 50mm 这一尺寸，请根据要求选择合适的量具进行检测。

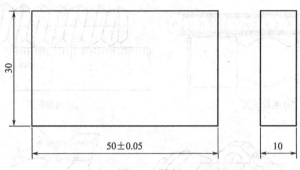

图 4-7　挡板

任务分析

由图 4-7 得知，该挡板的尺寸公差为 0.1mm，其余是自由尺寸，主要控制 50mm 这一尺寸，根据零件公差要求，普通游标卡尺能够满足其精度要求。因此选择测量范围为 0～150mm、分度值为 0.02mm 的普通游标卡尺进行检测。

游标卡尺属于游标类测量器具，它是一种常用的量具，具有结构简单、使用方便、精度中等及测量的尺寸范围大等特点，可用来测量零件的外径、内径、长度、宽度、厚度、深度和孔距等，应用范围很广。

器材准备

① 被测工件见图 4-8。

② 测量工具见图 4-9。

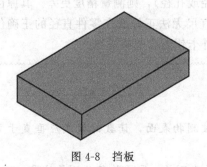

图 4-8　挡板

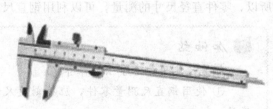

图 4-9　游标卡尺

任务实施

一、测量步骤

① 将零件表面和游标卡尺的测量面用干净的棉布擦拭干净，使其并拢，查看游标和主

尺身的零刻度线是否对齐，如图 4-10(a) 所示。如果对齐就可以进行测量，没有对齐则要记取零误差，读数时将其计入读数结果。

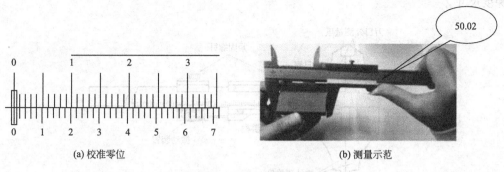

(a) 校准零位　　　　　　　　　　　　　　　　(b) 测量示范

图 4-10　测量步骤示意图

② 右手拿住尺身，大拇指移动游标，左手拿零件使其位于内、外测量爪之间，移动量爪使其与工件接触，力度适中，过大或过小将会影响其测量结果，卡尺两测量面的连线应垂直于被测量表面，不能歪斜。测量时，可以轻轻摇动卡尺，放正垂直位置，否则将会产生尺寸偏大，导致尺寸误差，如图 4-10(b) 所示。

③ 进行读数，如图 4-10(b) 所示。最后分别再取 5 个不同位置进行测量，并记下测量结果。

由读数得知，测量结果为 50.02mm，零件合格。

二、量具维护

测量结束后将量具擦拭干净，放入指定的盒内。如果长期不使用应在量具的测量面上涂上一层工业凡士林，防止量具锈蚀。

三、填写检测报告

知识拓展

一、游标卡尺的结构和特点

游标卡尺按其结构和用途的不同，可分为普通游标卡尺、双面游标卡尺、单面游标卡尺，按读数方式的不同，又可分为带表游标卡尺、电子数显游标卡尺等。

1. 普通游标卡尺

其结构如图 4-11 所示，普通游标卡尺可测量内尺寸、外尺寸、深度。

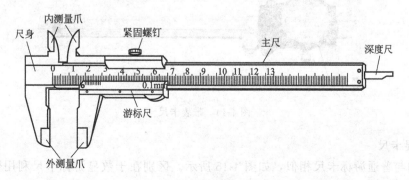

图 4-11　普通游标卡尺

2. 双面游标卡尺

其结构如图 4-12 所示，双面游标卡尺相对于普通游标卡尺的特点是无深度尺，不可测量深度尺寸。

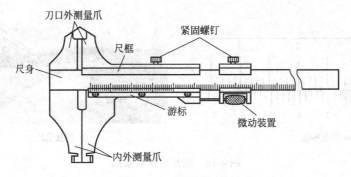

图 4-12　双面游标卡尺

3. 单面游标卡尺

其结构如图 4-13 所示，单面游标卡尺相对于双面游标卡尺的特点是无上量爪，在下量爪上附加了内测量爪。

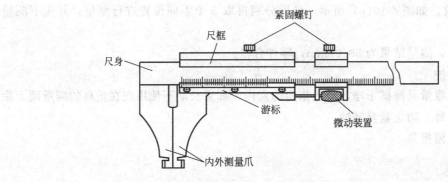

图 4-13　单面游标卡尺

4. 带表卡尺

其结构与普通游标卡尺相似，如图 4-14 所示。区别在于带表游标卡尺利用表来代替了游标，测量准确、迅速。

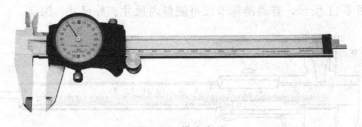

图 4-14　带表卡尺

5. 数显卡尺

其结构与普通游标卡尺相似，如图 4-15 所示。区别在于数显游标卡尺利用数字显示器代替了游标，测量精度较高、效率高。

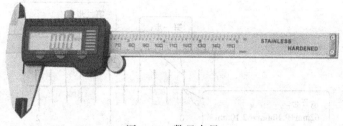

图 4-15 数显卡尺

二、游标卡尺的读数原理

普通游标卡尺的读数机构是由主尺与游标两部分组成，其原理是利用主尺刻线间距与游标刻线间距的间距差实现的。

1. 刻线原理

普通游标卡尺的分度值有 0.05mm（如图 4-16）、0.1mm（如图 4-17）、0.02mm（如图 4-18）。机械加工中常用分度值为 0.02mm 的游标卡尺。下面就以分度值为 0.02mm 的游标卡尺为例，说明它的刻线原理。

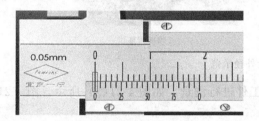

图 4-16　分度值为 0.05mm

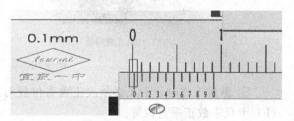

图 4-17　分度值为 0.1mm

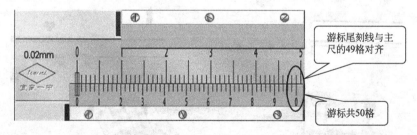

图 4-18　分度值为 0.02mm

尺身每 1 格是 1mm，当两爪合并时，游标上的 50 格刚好等于尺身上的 49mm（49 格），则游标每 1 格间距为 0.98mm（49÷50），主尺与游标每 1 格间距相差 0.02mm（1－0.98＝0.02）。0.02mm 即为该游标卡尺的读数精度值。

2. 读数方法

游标卡尺的固定量爪与活动量爪之间的距离就是零件的测量尺寸。在读出被测尺寸数值时，首先应读出主尺上最近游标零线左边的刻度线，即为测量结果的整数部分。然后再找出游标上与主尺上的刻度线对齐的刻度，将游标的刻度格数乘以分度值，即为测量结果的小数部分。最后将所测得的整数与小数相加，即为测量尺寸，如图 4-19 所示。

三、测量注意事项

① 测量工件时，量爪必须过工件的中心，如图 4-20（a）所示，图 4-20（b）的量爪未过工件中心。

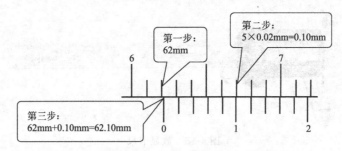

图 4-19　精度为 0.02mm 的普通游标卡尺读数

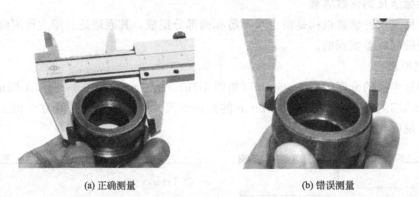

(a) 正确测量　　　　　　　　　(b) 错误测量

图 4-20　测量外径示范

② 测量工件时，卡尺必须放正垂直位置对工件进行测量，如图 4-21(a) 所示，图 4-21 (b) 卡尺未放正垂直位置。

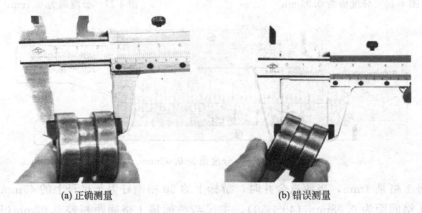

(a) 正确测量　　　　　　　　　(b) 错误测量

图 4-21　测量长度示范

③ 测量工件深度时，尺身端部平面必须靠在基准面上，尺身与零件中心线平行，如图 4-22(a) 所示，图 4-22(b) 尺身与零件中心产生了倾斜。

四、游标卡尺使用维护及保养

① 在每天使用之前，要先检查游标卡尺的零刻度是否对齐，刻度是否清晰可见，移动是否顺畅。

② 游标卡尺是比较精密的测量工具，要轻拿轻放，不得碰撞或跌落地下；使用时不要用来测量粗糙的物体，以免损坏量爪；避免与刀具放在一起，以免刀具划伤游标卡尺的表面；不使用时应置于干燥地方防止锈蚀。

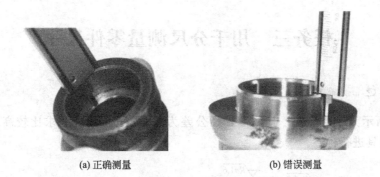

| (a) 正确测量 | (b) 错误测量 |

图 4-22　测量深度示范

③ 测量零件时，不允许过分的施加压力，如果测量压力过大，不但会使量爪弯曲或磨损，且量爪在压力作用下产生弹性变形，使测量的尺寸不准确。

④ 测量应在工件冷却后进行，防止温度对测量精度的影响。

⑤ 不得将游标卡尺当做工具使用，不得用来拧螺钉、铲除铁丝和垃圾等。

⑥ 不得用砂纸等硬物擦拭卡尺的任何部位，非专业修理量具人员不得进行拆卸和调修。

⑦ 游标卡尺使用完毕，应用棉布擦拭干净。长期不用时应将它擦上黄油或机油，两量爪合拢并拧紧紧固螺钉，放入卡尺盒内盖好。

🔵 加油站

其他类型的游标类量具见图 4-23。

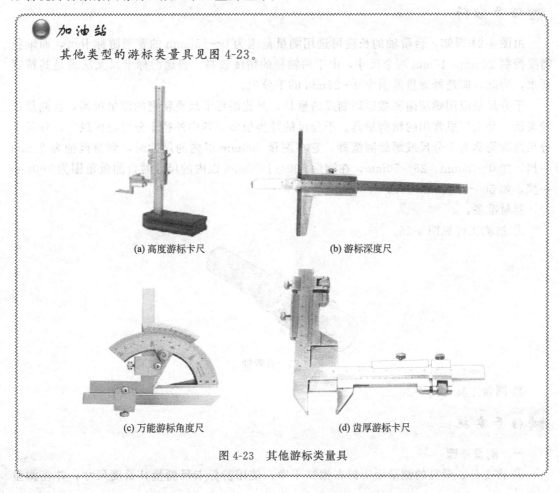

| (a) 高度游标卡尺 | (b) 游标深度尺 |
| (c) 万能游标角度尺 | (d) 齿厚游标卡尺 |

图 4-23　其他游标类量具

任务三　用千分尺测量零件尺寸

🔵 任务描述

图 4-24 所示为一台阶轴，其两端轴径公差为 0.02mm，精度要求比较高，请根据要求选择合适的量具进行检测。

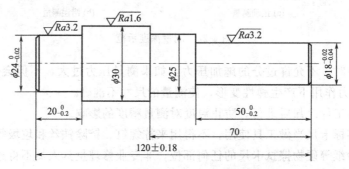

图 4-24　台阶轴

🔵 任务分析

由图 4-24 得知，台阶轴的长度可选用测量范围为 0～150mm 的普通游标卡尺，而轴径需要控制 24mm、18mm 两个尺寸，由于两轴径的精度较高，普通游标卡尺无法满足其精度要求，为此，应选择测量范围为 0～25mm 的千分尺。

千分尺是应用螺旋副测微原理制成的量具，是比游标卡尺更精密的测量仪器，且测量比较灵活，是工厂里常用的精密量具。千分尺的种类很多，其中外径千分尺应用最广，外径千分尺通常简称为千分尺或螺旋测微器。它在测量 500mm 以内的尺寸时，测量范围为 25mm 一挡，如 0～25mm、25～50mm，在测量 500～1000mm 以内的尺寸时，测量范围为 100mm 一挡，如 500～600mm、600～700mm。

器材准备：

① 被测工件见图 4-25。

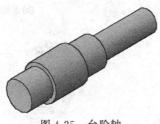

图 4-25　台阶轴

② 测量工具见图 4-26。

🔵 任务实施

一、测量步骤

① 将工件、量具的测量面用棉布擦拭干净，使用游标卡尺测量其长度尺寸，并将测量

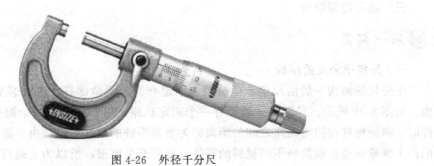

图 4-26　外径千分尺

结果认真记录。

② 将千分尺校准零位，如果零线对不准，可松开罩壳，略转套管，使其零线对齐，如图 4-27 所示。

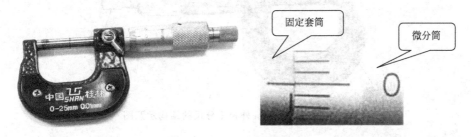

固定套筒　　　　微分筒

图 4-27　校准零位

③ 然后转动旋钮，使砧座与测微螺杆之间的距离略大于被测零件直径。一只手拿千分尺的尺架，将待测零件置于砧座与测微螺杆的端面之间，使千分尺测微螺杆的轴线与工件中心线垂直（不能产生倾斜），另一只手转动旋钮，当测微螺杆要接近被测零件时，改为转动测力旋钮，找正测量位置，听到咔咔 2～3 声。如图 4-28 所示（可以旋紧锁紧装置，防止千分尺的测微螺杆发生转动）。

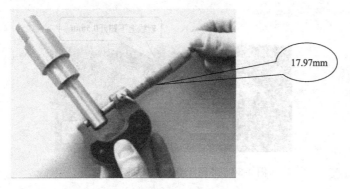

17.97mm

图 4-28　千分尺测量零件

④ 最后进行读数，再依次按上述步骤分别再取不同位置进行测量，并记下测量结果。

二、量具维护

测量结束后将量具擦拭干净，放入指定的盒内。如果长期不使用应在量具的测量面上涂上一层工业凡士林，防止量具锈蚀。

三、填写检测报告

知识拓展

一、外径千分尺的结构

千分尺的结构一般由尺架、微分筒、固定套筒、测微螺杆、测力装置和锁紧装置等组成，如图4-29所示。尺架的一端装有一个固定砧座，另一端装有一个测微螺杆，在测量零件时，测微螺杆与固定砧座之间的距离即为被测零件的尺寸数值。由于测微螺杆与固定砧座的两个测量面会长期接触不同材料的零件，容易产生磨损，所以为了提高它的使用寿命，在两个测量面上都镶有硬质合金。

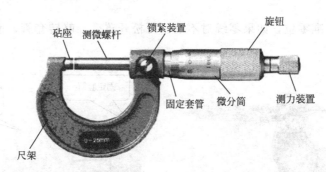

图 4-29　0～25mm外径千分尺的结构示意图

二、游标卡尺的读数原理

1. 刻线原理

如图4-30所示，在千分尺的固定套筒上刻有轴向中线，作为微分筒读数的基准线。在轴向中线的两侧，刻有两排刻线，每排刻线间距为1mm，上下刻线相互错开0.5mm。微分筒的圆周上刻有50个等分线，当微分筒转一周时，测微螺杆就推进或后退0.5mm。当微分筒转动一小格时，测微螺杆就移动0.5/50＝0.01mm，由此得知，千分尺的分度值为0.01mm。

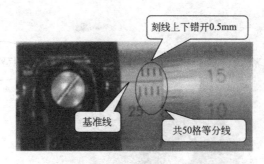

图 4-30　外径千分尺刻线原理示意图

2. 读数方法

如图4-31所示：

首先，读出微分筒左边固定套筒刻线上显示的最大数值。

然后，在微分筒上找到与固定套筒中线对齐的刻线，再乘以分度值。当微分筒上没有任何一根刻线与固定套筒中线对齐时，应估读到小数点第三位数，如图4-32所示。

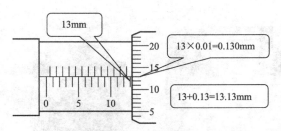

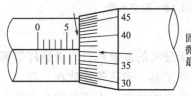

图 4-31 外径千分尺的读数方法示意图

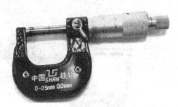

固定套筒读数为7mm
微分筒读数估读为0.373mm
最后得出读数为7.373mm

图 4-32 外径千分尺读数示意图

最后，将两个读数相加即得到实测数值。如图 4-31 所示。

三、测量注意事项

① 使用千分尺测量零件时，应在校准零位之后方可进行测量，如图 4-33 所示。如果零线对不准时，可转动固定套筒，使其零线对准，如图 4-34 所示。

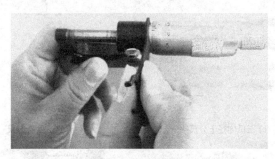

(a) 0～25mm外径千分尺　　　　　(b) 25～50mm外径千分尺

图 4-33 校准零位

图 4-34 调整零位

② 使用千分尺测量零件时，千分尺测微螺杆的轴线与工件中心线垂直或平行，不能产生倾斜，如图 4-35 所示。

③ 千分尺两测量面将与工件接触时，要使用测力装置，不要直接转动微分筒。

四、千分尺使用维护及保养

① 不要用千分尺测量毛坯件及精度较低的零件。

(a) 与工件中心垂直　　　　　　　　　(b) 与工件中心平行

图 4-35　测量示范

② 不要随意晃动微分筒。

③ 不要用油石、纱布等硬物磨或擦千分尺的测量面、测微螺杆等部位。

④ 使用千分尺时要轻拿轻放，不要与工具、刃具等堆放在一起。

⑤ 不得将千分尺放在潮湿、有酸和有碱的地方，也不得放在高温或振动的地方。

⑥ 千分尺使用完毕以后，应用干净的棉布将其擦拭干净，并涂上一层工业凡士林，放置在指定的盒内。

⑦ 千分尺要定期检定。

加油站

其他类型的千分尺见图 4-36。

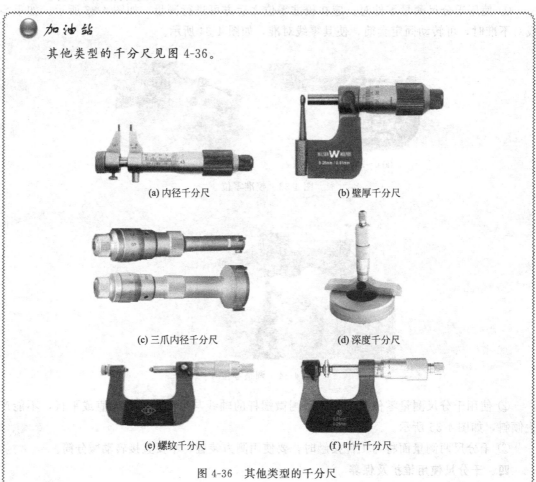

(a) 内径千分尺　　　　　　　　　(b) 壁厚千分尺

(c) 三爪内径千分尺　　　　　　　　(d) 深度千分尺

(e) 螺纹千分尺　　　　　　　　　(f) 叶片千分尺

图 4-36　其他类型的千分尺

任务四 用内径百分表测量孔径

任务描述

如图 4-37 所示为一油缸，需控制其内径的尺寸公差要求，请选择合适的量具对其进行检测。

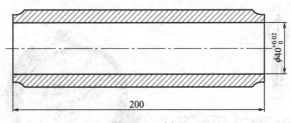

图 4-37 油缸

任务分析

由图得知，油缸的长度有 200mm，孔径公差要求为 0.02mm，精度要求较高，但在加工过程中，孔径 40 不易加工，容易产生尺寸误差和形状误差，为此，在加工过程中一定要用合适的量具对其进行检测，所以应选择测量范围为 35～50mm 测头、精度为 0.01mm 的内径百分表对其进行测量。

内径百分表属于指示表类量仪，其特点是将测杆的微小直线位移，经过机械放大后转换为指针的角位移，在刻度表盘上指示出测量结果。使用内径百分表测量零件孔径时采用微差比较法，其操作简单、方便，在生产实践中得到了广泛应用。

器材准备：

① 被测工件见图 4-38。

② 测量工具见图 4-39。

图 4-38 油缸

图 4-39 内径百分表

任务实施

一、测量步骤

1. 安装可换触头

将测量范围为 35～50mm 的可换测头装在接头上，且正确调整可换测头的伸出距离，使其总长度大于被测尺寸 0.5～1mm 左右，保证被测尺寸在活动测头总移动量的中间位置，然后压紧测头的锁紧螺母。

2. 安装百分表

将百分表装入表杆内，预压 0.5～1mm（使小指针指在 0～1 的位置上），然后锁紧百分表表杆。

3. 利用外径千分尺调整零位

将千分尺调至 40mm 处锁紧，将内径百分表放置在千分尺两侧砧中间摆动，取最小值，将百分表校正零位，如图 4-40 所示。

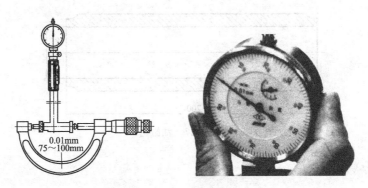

图 4-40　调整零位

4. 测量孔径

手持内径百分表隔热手柄，将内径百分表的活动测头和表架头轻轻压入油缸孔径中，然后将装有可换测头的固定量头放入，连杆中心线应与工件中心线平行，不得歪斜，再将内径百分表轻轻地在孔径截面内摆动，读出指示表最小读数，即为孔径的实际偏差值，如图4-41 所示。

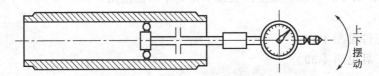

图 4-41　测量孔径示意图

按照上述方法，在油缸内孔表面上分别取不同的 5 个点，将测量值记录下来。

二、量具维护

测量结束后，拆下百分表和测头，用干净的棉布擦拭测量工具，再将工具放入指定的工具盒内。

三、填写检测报告

见表 4-2。

表 4-2　内径百分表测量结果数据表

测量次数	1	2	3	4	5	平均值
测量值/mm	+0.01	+0.015	+0.015	+0.01	0	+0.01

由结果得知，内径百分表测量到的偏移值为＋0.01mm，加上基本尺寸 40mm，得

40.01mm，在公差范围内，该零件合格。

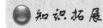

一、内径百分表的结构

内径百分表由百分表及带有杠杆传动的表架两部分组成，如图4-42所示。在测量零件时将被测尺寸（即直线位移）转换成推动指示表测杆的位移，由指示表指示出测量结果，是用微差比较测量法检测内径尺寸的一种操作，特别适用于深孔的测量。

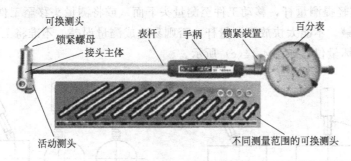

图4-42 内径百分表结构示意图

二、百分表

1. 百分表的结构

百分表一般是由指针、表盘、测量头和测量杆等组成，主要用于测量长度尺寸、形位误差、检测机床的几何精度等，是机械加工生产和机械设备维修中不可缺少的量具，其结构如图4-43所示。

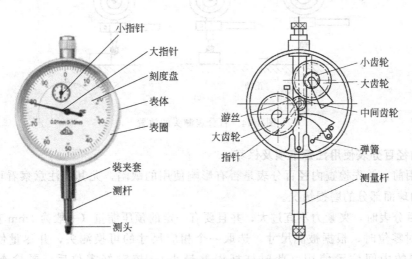

图4-43 百分表结构示意图

2. 百分表的分度原理

百分表的测量杆移动1mm，通过齿轮传动系统，使大指针回转一周。在刻度盘上，沿圆周刻有100个刻度，当大指针转过一小格时，表示百分表的测量头移动了 $1/100 = 0.01mm$，得到百分表的分度值为0.01mm，小指针转过一格代表测量头移动了1mm。百分表的测量范围一般有 $0\sim3mm$、$0\sim5mm$ 和 $0\sim10mm$（由小指针刻度盘体现）。

3. 百分表使用注意事项

① 测量前应检查表盘玻璃是否破裂或脱落，测量头、测量杆、套筒等是否有碰伤或锈蚀，是否有指针松动现象，指针的转动是否平稳等。

② 测量时应使测量杆垂直零件被测表面，如图 4-44(a) 所示。测量圆柱面的直径时，测量杆的中心线要通过被测圆柱面的轴线，如图 4-44(b) 所示。

③ 测量头开始与被测表面接触时，测量杆就应压缩 0.3~1mm，以保持一定的初始测量力。

④ 测量时应轻提测量杆，移动工件至测量头下面（或将测量头移至工件上），再缓慢放下与被测表面接触。不能太快放下测量杆，否则易造成测量误差。不准将工件强行推入至测量头下，以免损坏量仪，如图 4-44(c) 所示。

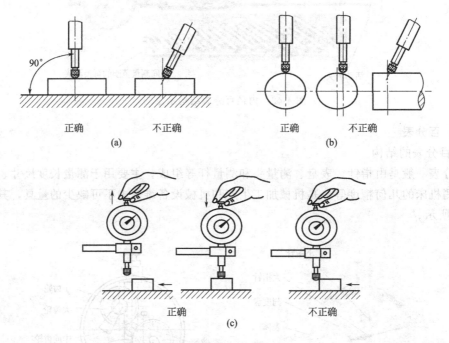

图 4-44　百分表测头的放置

三、内径百分表使用注意事项及保养

① 使用前，首先检查内径百分表是否有影响使用的缺陷，尤其应注意察看可换测头和固定测头的球面部分的磨损情况。

② 装百分表时，夹紧力不宜过大，并且要有一定的预压缩量（一般为 1mm 左右）。

③ 校对零位时，根据被测尺寸，选取一个相应尺寸的可换测头，并尽量使活动测头在活动范围的中间位置使用（此时杠杆误差最小），校对好零位后，要检查零位是否稳定。

④ 装卸百分表时，不允许硬性的插入或拔出，要先松开弹簧夹头的紧固螺钉或螺母。

⑤ 不得测量表面粗糙的工件。

⑥ 使用完毕，要把百分表和可换测头取下擦净，并在测头上涂油防锈，放入专用盒内保存。

⑦ 如果在使用中发现问题，不允许继续使用和自行拆卸修理，应立即送计量室检修。

加油站

内径千分尺

除了常用的内径百分表测量孔径尺寸外,内径千分尺在生产中也得到运用。内径千分尺主要包括固定测量爪、活动测量爪、固定套筒、微分筒、导向套、测力装置及锁紧装置七个部分,其结构示意图如图 4-45 所示。

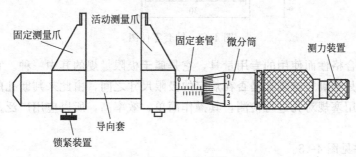

图 4-45　内径千分尺结构示意图

内径千分尺的测量及读数原理与外径千分尺基本一致,都是依据螺旋传动原理制成的,它们主要的差别在于测微螺杆(活动测量爪)的移动方向刚好相反,外径千分尺的测量是微分筒正向转动(顺时针转动),左右测量砧向中心收拢;而内径千分尺的测量则是微分筒正向转动时,活动测量爪向外张开。内径千分尺固定套筒上的刻线值也与外径千分尺相反,如图 4-46 所示。

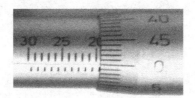

图 4-46　内径千分尺读数示例

由图得出该读数为:19.000mm

任务五　用塞规等专用量具检测零件

任务描述

某工厂需生产 1000 件轴套,图 4-47 所示为轴套的零件图,请根据图纸要求,选用合适的测量器具对其进行检测。

任务分析

由图得知,该零件需控制直径为 12mm 的孔,该尺寸公差有 0.018mm,精度要求相对较高,考虑到生产数量过大,如果用通用的量具对其一一进行检测,这样不利于生产效率,所以,可以选用公称直径为 12mm,公差带代号为 H7 的光滑极限塞规对其进行检测。塞规

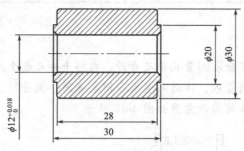

图 4-47　轴套零件图

是为了检验孔的合格性而使用的专用量具，它是属于极限量规的其中一种。它不能直接测出孔的尺寸大小，只能确定被测孔是否在规定的极限尺寸之间，由此来判断孔的合格性。在大批量生产中，使用塞规对孔进行检测，其操作简单、效率高，所以应用广泛。

　　器材准备：

　　① 被测工件见图 4-48。

　　② 测量工具见图 4-49。

图 4-48　套环

图 4-49　塞规

🔵 任务实施 --

一、测量步骤

　　首先，将零件和塞规用干净的棉布擦拭干净。

　　然后，分别用塞规的通、止端检测孔径（检测时保证塞规的轴线与被测零件孔的轴线同轴，并用适当的力进行接触），塞规能够自由通过而止规不能通过被测零件孔，即为合格，如图 4-50 所示。

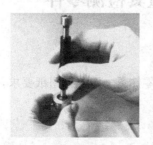

图 4-50　测量示范

　　最后，将合格品、不良品（可以再经过返修达到合格的）和废品的数量进行区分和数据记录。

二、量具维护

测量结束后将量具擦拭干净，放入指定的盒内。如果长期不使用应在量具的测量面上涂上一层工业凡士林，防止量具锈蚀。

三、填写检测报告

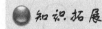 知识拓展

一、量规

零件尺寸的测量器具一般分有量具、量规、量仪和测量装置四类，前面所学到的如游标卡尺、千分尺等，它们是属于有刻线的量具类，是通用的测量器具，能够直接测出零件的尺寸大小，而量规是没有刻线的专用测量器具，不能够测出零件的尺寸大小，只能检验出被测尺寸是否在规定的极限尺寸范围内，由此判断零件的合格性，如光滑极限塞规。由于量规简单方便、检验效率高、省时可靠，因而在生产中得到广泛应用，尤其适用于大批量生产的场合。

二、量规的种类

1. 量规按照其用途分类

① 工作量规　操作工人在生产过程中检验工件时所用的量规。通规用代号"T"表示，止规用代号"Z"表示。

② 验收量规　检验部门或用户代表在验收产品时所用的量规。验收量规一般不用另行制造，它是从磨损较多但未超出磨损极限的工作量规中挑选出来的，这样可以保证验收时跟操作者用工作量规自检的合格性一致，从而保证零件的合格性。

③ 校对量规　是检验部门用来检定工件量规和验收量规尺寸是否合格而用的量规。

2. 量规按其检验对象分类

① 塞规　专门检验孔的量规，其结构如图 4-51 所示，它由通规和止规组成，通规的尺寸按照被测孔的下极限尺寸制作，止规的尺寸按照被测孔的上极限尺寸制作，如图 4-52 所示。

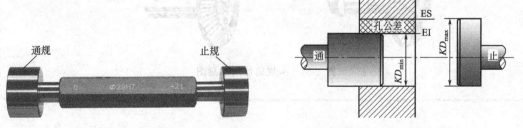

图 4-51　塞规　　　　　　　　　图 4-52　塞规尺寸示意图

② 卡规（或环规）　专门检查轴的量规，也由通规和止规组成。通规的尺寸按照轴的上极限尺寸制作，止规的尺寸按照轴的下极限尺寸制作，如图 4-53 所示。

三、量规的使用注意事项及保养

① 检查量规是否与图纸要求的尺寸及公差是否相符。

② 检查量规的测量面有无毛刺、划伤、锈蚀等缺陷。

③ 检查量规是否在周期检定期内。

④ 使用时注意区分通端与止端，切勿弄错。

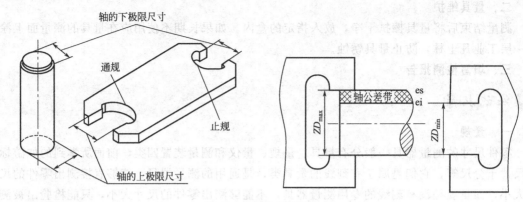

图 4-53　卡规尺寸示意图

⑤ 不要用量规检测表面粗糙和不清洁的零件。

⑥ 使用后应用干净的棉布将量规擦拭干净，较长时间不使用时还要涂一层工业凡士林，再放入盒内。

⑦ 必须进行定期校准，经校准合格后方能使用。

加油站

　　用卡规测量时，卡规应垂直于被测零件的轴线。轻握卡规，使卡规的通端在零件上滑过，止端只与被测零件接触而不滑过，如图 4-54 所示。

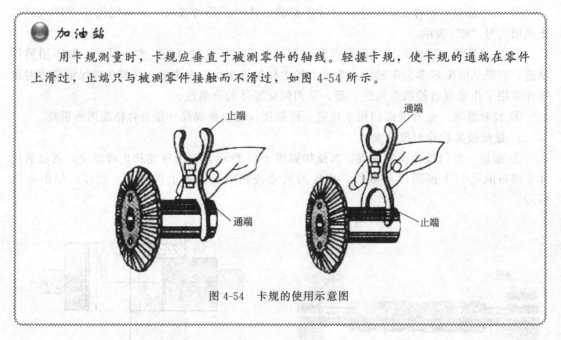

图 4-54　卡规的使用示意图

学 后 测 评

填空题

1. 普通游标卡尺是可以测量＿＿＿＿＿、＿＿＿＿＿、＿＿＿＿＿的量具。

2. 普通游标卡尺的分度值有＿＿＿＿＿、＿＿＿＿＿、＿＿＿＿＿。

3. 外径千分尺的结构一般由尺架、＿＿＿＿＿、＿＿＿＿＿、固定套筒、测力装置和锁紧装置等组成。

4. 百分表主要用于测量＿＿＿＿＿、＿＿＿＿＿、检测机床的几何精度等，是机械加工生产和机械设备维修中不可缺少的量具。

5. 使用内径百分表测量零件孔径，是采用一种_____，其操作简单、方便，在生产实践中得到了广泛应用。

6. 量规是没有_____的专用测量器具，不能够测出零件的_____，只能检验出被测尺寸是否在规定的极限尺寸范围内，由此判断零件的合格性。

7. 量规按照其用途，可分为_____、_____和_____三类。操作工人在生产过程中检验工件时所用的量规是_____。

8. 根据图 4-55 所示，写出它的正确读数。

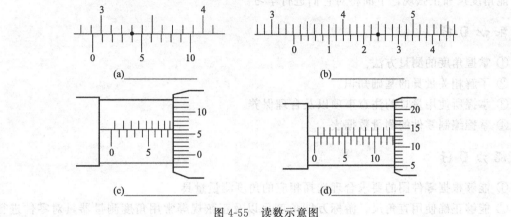

图 4-55 读数示意图

项目五　角度的测量

在机械制造生产中，加工的零件形状是各式各样的，前面所学到的测量器具，一般是针对长度、深度的测量，在部分零件上，可以看见有着很多带有各种角度的零件，为使加工出来的零件角度正确，就要学会如何对角度进行测量。运用较多的角度量具主要有直角尺、游标万能角度尺和正弦规，下面将对它们进行学习。

⬤ 知识目标

① 掌握角度的测量方法。
② 了解相关量具的基础知识。
③ 掌握所使用量具的注意事项以及合理保养。
④ 掌握编制零件的测量数据表。

⬤ 能力目标

① 能够根据零件图的要求合理选择相应的角度测量量具。
② 能够正确使用直角尺、游标万能角度尺以及正弦规等常用角度测量器具对零件进行检测。

任务一　用直角尺测量角度

⬤ 任务描述

图 5-1 所示为一长方体的零件图，试检测该零件角度是否在规定的公差范围内。

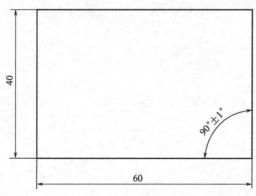
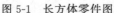

图 5-1　长方体零件图

⬤ 任务分析

由图 5-1 得知，该零件需控制角度尺寸 90°，由于该尺寸的公差要求较低，且角度为

90°，可选择直角尺对其进行检测，其操作简单方便。

器材准备

① 被测零件见图 5-2。

② 测量工具见图 5-3、图 5-4。

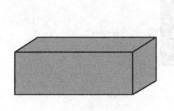

图 5-2　长方体

图 5-3　直角尺

图 5-4　塞尺

任务实施

一、测量步骤

① 将待测零件和直角尺测量面清理干净，并把零件的底面放置在测量平台上。

② 将直角尺放置在测量平台上，测量面轻轻与被测平面接触且垂直被测平面。

③ 观察直角尺和零件之间的光隙大小与透光程度，用目测法观察，以最大间隙作为该检测段内的最大误差。如图 5-5 所示（注意观察时，视线应和观察面中心齐平，垂直于光隙）。

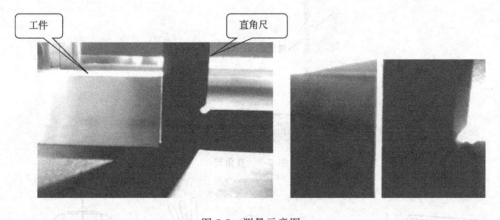

工件　　　　　　　　直角尺

图 5-5　测量示意图

④ 将被测平面前移一固定段距离，重复步骤③，平均测量整个测量平面的测量。

⑤ 如果需要得到该平面具体误差值可以利用塞尺来得到。将塞尺测量片擦拭干净，再塞入被测间隙中，来回拉动塞尺，感到稍有阻力，说明该间隙值接近塞尺上所标出的数值；如果拉动时阻力过大或过小，则说明该间隙值小于或大于塞尺上所标出的数值。如图 5-6 所示。

二、量具维护

最后将量具擦拭干净，放入指定的盒内。如果长期不使用应在量具的测量面上涂上一层工业凡士林，防止量具锈蚀。

图 5-6　测量示意图

三、填写检测报告

知识拓展

一、直角尺

直角尺，顾名思义是由一个 90°角构成的用来检测直角和垂直度误差的定值量具，其结构及其用途如图 5-7、图 5-8 所示。直角尺有两个测量面和两个基准面，测量面呈刀口状，能更加准确测量出直角的垂直度。直角尺一般选择合金工具钢、轴承钢或其他类似性能的材料制造，制造精度有 00 级、0 级、1 级和 2 级四个精度等级，00 级的精度最高。直角尺的结构简单，操作方便，测量效率高，是机械加工常用的测量工具。

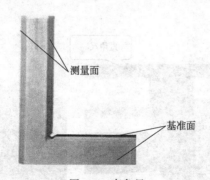

图 5-7　直角尺

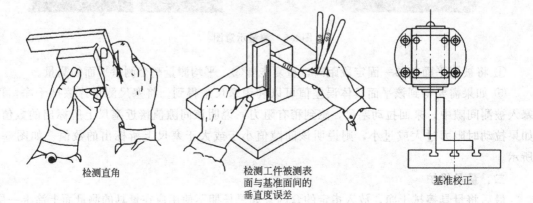

检测直角　　　　检测工件被测表面与基准面间的垂直度误差　　　　基准校正

图 5-8　直角尺的应用

二、塞尺

塞尺又称测微片或厚薄规，是用于检验间隙的测量器具之一，如图 5-9 所示。它由一组具有不同厚度级差的薄钢片组成，在每片钢片上都注有其厚度尺寸，塞尺一般用不锈钢制造，最薄的为 0.02mm，最厚的为 3mm。在检验被测尺寸是否合格时，可以用通止法判断，也可由检验者根据塞尺与被测表面配合的松紧程度来判断。

图 5-9 塞尺

🔵 **加油站**

直角尺和塞尺的使用注意事项及维护

① 直角尺使用时不得碰撞，应确保测量面的完整性，检测测量面不得有划痕、碰伤、锈蚀等情况，表面应清洁光亮，否则影响精度。

② 使用直角尺时不允许在测量面与工件接触时拖动直角尺，以免测量面磨损影响测量精度。

③ 使用塞尺时不允许在测量过程中剧烈弯折塞尺，或用较大的力硬将塞尺插入被检测间隙，否则将损坏塞尺的测量表面或零件表面的精度。

④ 测量后及时将量具的测量面清理干净，涂上一层工业凡士林，放入指定的工具盒内。塞尺在存放时，应将塞尺折回夹框内，以防弯曲、变形而损坏，且不能将塞尺放在重物下，以免损坏塞尺。

⑤ 一段时间不用时需适当地对其进行必要的校准及润滑。

任务二   用游标万能角度尺测量角度

🔵 **任务描述**

现需要在车床上加工如图 5-10 所示的圆柱齿轮的锥角，请选择合适的量具检测其角度。

🔵 **任务分析**

圆锥齿轮是机械运动连接的重要零件之一，通过锥角变换改变运动方向，同时圆锥角度的控制对于运动传递的平稳性具有极其重要的作用，因此，在圆锥齿轮滚齿前加工半成品必须保证零件的锥度。

生产过程中，圆锥角度的检测多用万能角度尺或者正弦规检测，其中，万能角度尺常用

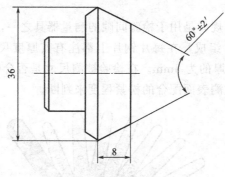

图 5-10　圆柱齿轮

于精度不高的锥度检测，可测 0°～320°外角及 40°～130°内角。正弦规则用于圆锥角小于 30° 的锥度。由图 5-10 可以得知，圆锥角度大于 30°，锥角尺寸精度为±2′，所以应选择游标万能角度尺对该锥角进行检测。

　　器材准备

　　① 被测工件见图 5-11。

　　② 测量工具见图 5-12。

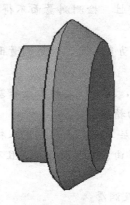

图 5-11　圆柱齿轮

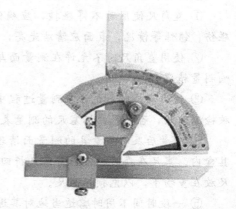

图 5-12　游标万能角度尺

任务实施

一、测量步骤

　　① 将游标万能角度尺及工件擦拭干净，再将游标万能角度尺校准零位（游标角度尺的零位，是当角尺与直尺均装上，而角尺的底边及基尺与直尺无间隙接触，此时主尺与游标的 "0" 线对准），如图 5-13 所示。

　　② 将基尺贴紧工件右端面，再通过改变基尺与直尺间的相互位置使直尺紧贴圆锥面（使用透光镜观察），如图 5-14 所示。

　　③ 拧紧制动头上的螺帽加以锁紧，拿开量具即可进行读数（也可直接读数）。

　　④ 可旋转工件，再对另外几个位置进行测量，并将测量结果记录下来。

二、量具维护

　　测量结束后将量具擦拭干净，放入指定的盒内。如果长期不使用应在量具的测量面上涂

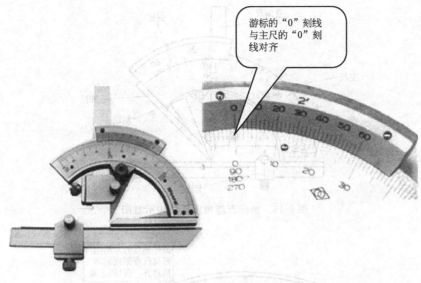

图 5-13 校准零位

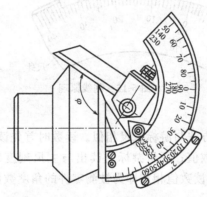

图 5-14 测量工件

上一层工业凡士林,防止量具锈蚀。

三、填写检测报告

 知识拓展

一、游标万能角度尺的结构

游标万能角度尺又被称为角度规、游标角度尺和万能量角器,主要由主尺、游标、基尺、直角尺、直尺、扇形板、卡块和制动装置等组成,如图 5-15 所示。它是利用游标读数原理来直接测量工件角度或进行划线的一种角度量具。适用于机械加工中的内、外角度测量,可测 0°～320°外角及 40°～130°内角。

二、游标角度尺的读数原理

1. 刻线原理

游标万能角度尺的读数机构是根据游标原理制成的。主尺刻线每格为 1°,游标的刻线是取主尺的 29°等分为 30 格,因此游标刻线每格为 29°/30,所以主尺与游标一格的差值为 $1°-29°/30=1°/30=2'$,即游标万能角度尺的分度值为 2′,如图 5-16 所示。

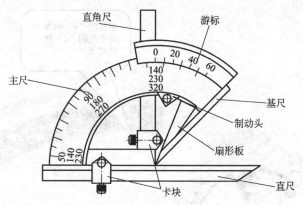

图 5-15　游标万能角度尺结构示意图

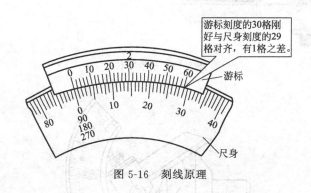

图 5-16　刻线原理

2. 读数方法

游标万能角度尺的读数方法与游标卡尺相似。读数时首先读出主尺上最靠近游标零刻线左边的刻度值为"度"的整数值；再从游标上读出与主尺刻度线对齐的刻度值为度的小数值，即为"分"，最后将两个读数值相加即为被测零件的角度数值，如图 5-17 所示。

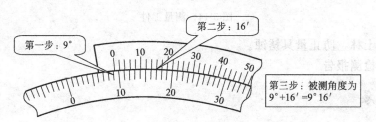

图 5-17　游标万能角度尺的读数示例

三、游标万能角度尺的测量范围

游标万能角度尺的基尺、直角尺和直尺不同的安装方法可以测量不同范围的角度。可测量 0°～50°、50°～140°、140°～230° 和 230°～320° 四种角度。

① 0°～50°　将角尺和直尺全部装上，产品的被测部分放在基尺和直尺的测量面之间进行测量，如图 5-18 所示。

② 50°～140°　将角尺卸掉，把直尺装上去，使它与扇形板连在一起，工件的被测部分放在基尺和直尺的测量面之间进行测量，如图 5-19 所示。

③ 140°～230°　把直尺卸掉，装上角尺，但要把角尺推上去，直到角尺长边与短边的交

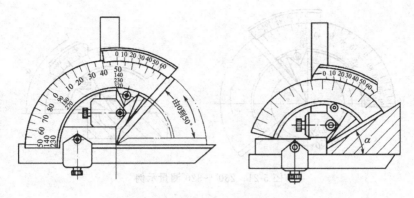

图 5-18　0°～50°测量示例

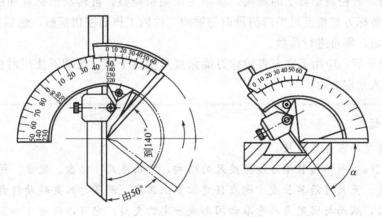

图 5-19　50°～140°测量示例

点和基尺的尖端对齐为止，把工件的被测部分放在基尺和角尺短边的测量面之间进行测量，如图 5-20 所示。

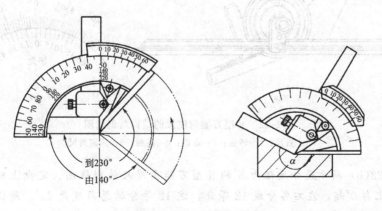

图 5-20　140°～230°测量示例

④ 230°～320°　把角尺、直尺和卡块全部卸掉，只留下扇形板和主尺（带基尺），把产品的被测部分放在基尺和扇形板测量面之间进行测量。如图 5-21 所示。

四、游标万能角度尺测量注意事项及维护

① 测量前，先将游标万能角度尺、工件擦拭干净，再校准零位。

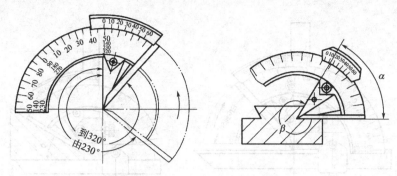

图 5-21　230°～320°测量示例

② 检查各部件的相互作用是否移动平稳可靠、止动后的读数是否不动，然后对零位。

③ 测量时，放松制动器上的螺帽，移动主尺做粗调整，再转动游标背面的调节螺母作精细调整，使游标万能角度尺的两测量面与被测工件的工作面密切接触，然后拧紧制动头上的螺帽加以固定，即可进行读数。

④ 测量完毕后，应用干净布将游标万能角度尺擦拭干净，长期不使用时应涂上一层工业凡士林，放入指定盒内。

加油站

其他类型的万能角度尺

图 5-22(a) 所示为Ⅱ型万能角度尺的结构，它由直尺、转盘、定盘、固定角尺和游标等组成。直尺可沿其长度方向在任意位置上固定，测量时只要转动转盘，直尺就随转盘转动，从而与固定角尺基准面间形成一定的夹角。它可以测量 0°～360°的任意角度。

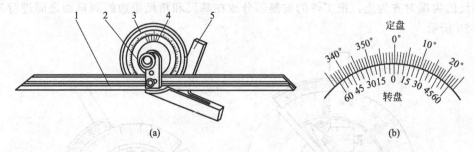

图 5-22　Ⅱ型万能角度尺的结构与刻线图
1—直尺；2—转盘；3—定盘；4—游标；5—固定角尺

图 5-22(b) 所示是分度值为 5′的Ⅱ型万能角度尺的刻线图。定盘上刻线每格为1°，转盘上自 0°起，左右各分成 12 等分，这 12 等分的总角度是 23°，所以游标上每格为 $23'/12=115'=1°55'$，定盘上 2 格与转盘上游标的一格差值为 5′，即Ⅱ型万能角度尺的分度值为 5′。

Ⅱ型万能角度尺的读数方法与Ⅰ型万能角度尺基本相同，只是被测角度的"分"的数值为游标格数乘以分度值 5′。

图 5-23 所示为其他的万能角度尺。

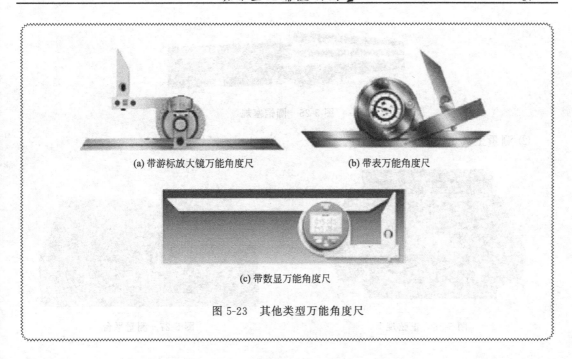

(a) 带游标放大镜万能角度尺　　　　(b) 带表万能角度尺

(c) 带数显万能角度尺

图 5-23　其他类型万能角度尺

任务三　用正弦规测量锥度

🔵 任务描述

　　某工厂生产一批圆锥塞规，如图 5-24 所示，请根据图纸要求选择合适的量具对其进行检测。

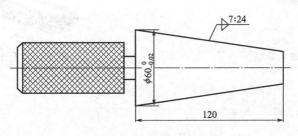

图 5-24　圆锥塞规

🔵 任务分析

　　圆锥塞规是国家标准检测量规，属于精密检测量具，在制造过程中，必须采用精密检测方法对其尺寸进行控制。由于万能角度尺无法达到其精度要求，所有应选择正弦规。正弦规可以检测 30°以下的工件，此圆锥塞规的锥度为 7：24，根据反正切函数计算出角度为 16.262°，锥长为 120mm，大端直径为 $\phi 60_{-0.02}^{0}$mm，故选择规格为 200mm×80mm 的正弦规对工件进行检测。

　　器材准备

　　① 被测工件见图 5-25。

图 5-25　圆锥塞规

② 测量工具见图 5-26～图 5-29。

图 5-26　正弦规

图 5-27　测量平台

图 5-28　量块

图 5-29　千分表及表架

任务实施

一、测量步骤

① 首先将正弦规及工件擦拭干净，防止毛刺及油污的出现。

② 将正弦规放在测量平台上，圆锥塞规放在正弦规的工作平面上，用圆锥塞规的大端端面靠在正弦规的后挡板面上，与其贴紧。

③ 估算正弦规一端需要垫的高度后，选择标准量块，在正弦规的一个圆柱下面垫入量块。

④ 用千分表检查圆锥塞规圆锥面全长的高度，注意，千分表测头应压缩 0.2～0.5mm，根据千分表所显示出的全长高度来调整量块尺寸，直至千分表在全长上的读数相同（测量时应找到被测圆锥素线的最高点），检测过程示意图如图 5-30 所示。

⑤ 根据最后所得到的量块高度 H，应用直角三角形的正弦公式，算出圆锥塞规的实际角度。正弦公式：

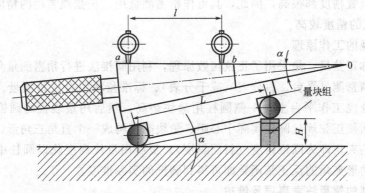

图 5-30　圆锥塞规检测示意图

$$\sin\alpha = \frac{H}{L}$$

式中　α——圆锥的锥角；

　　　H——量块组的尺寸；

　　　L——正弦规两圆柱的中心距。

⑥ 通过旋转圆锥塞规，按上述步骤分别进行测量，记下量块高度，由此计算出塞规的实际角度，并做好记录。

二、量具维护

测量结束后将量具擦拭干净，放入指定的盒内。如果长期不使用，应在量具的测量面上涂上一层工业凡士林，防止量具锈蚀。

三、填写检测报告

知识拓展 ‥‥‥‥‥‥‥‥‥‥‥‥‥‥‥‥‥‥‥‥‥‥‥‥‥‥‥‥‥‥‥‥‥

一、正弦规的结构

正弦规主要由一钢制长方体平板和固定在其两端的两个相同直径的钢圆柱体组成，其结构如图 5-31 所示。为了便于被测工件在平板表面上定位和定向，装有侧挡板和后挡板。正弦规两个圆柱中心距精度很高，常用的中心距与 100mm 和 200mm 两种，100mm 的极限偏差仅为±0.003mm 或±0.002mm，同时工作平面的平面度精度、两个圆柱的形状精度和它

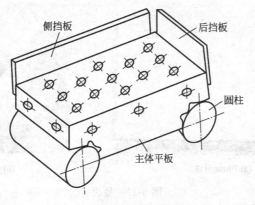

图 5-31　正弦规结构示意图

们之间的相互位置精度都很高，因此，其可作精密测量用。正弦规常用的精度等级为 0 级和 1 级，其中 0 级的精度较高。

二、正弦规的工作原理

正弦规又称正弦尺，是采用了正弦函数原理，利用间接法进行精密测量角度和锥度的量规，通常需要精密测量平台、百分表（或千分表）、标准量块组合进行测量。检测时，将被测工件置于正弦规工作平台上，一侧圆柱用量块垫高；然后用量表检测圆锥面素线（或斜面）水平，从而使正弦规量圆柱实际中心距、量块高度构成一个直角三角形，两圆柱中心连线与水平线间的夹角即为圆锥锥度（斜面斜度），最后用量块高度除以圆柱中心距得到正弦值，计算出三角形夹角的反正弦函数即可得到圆锥的实际锥度。

三、正弦规的使用注意事项及维护

① 正弦规工作面不得有严重影响外观和使用性能的裂痕、划痕等缺陷。

② 不得用正弦规检测表面粗糙的零件。

③ 不得将正弦规在检测平台上拖动，避免磨损圆柱，降低测量精度。

④ 被测工件应用平板固定，确保被测零件圆锥中心轴线与正弦规圆柱中心线垂直。

⑤ 正弦规不可放在温度过高或过低、潮湿、有腐蚀性的地方。

⑥ 要对正弦规进行定期检定。

⑦ 正弦规使用完毕后，应擦拭干净，长期不使用时应在工作表面涂上一层工业凡士林，再放入指定的地方。

 加油站

标准量块

1. 概述

量块是一种精密检验工具，是检验工具或工件长度的用具，也用于调整测量仪器、量具的尺寸。它的横截面为矩形，是一对相互平行的测量面间具有准确尺寸的测量器具，如图 5-32(a) 所示为长度尺寸为 70mm 的标准量块。量块采用铬锰合金钢制成，膨胀系数小，不易变形，且耐磨性好，具有研合性，研合性是指量块测量平面留有一层极薄的油膜（0.02μm），两块量块的平面可以紧密接触，粘合在一起。这样就可以将不同的量块组合成各种尺寸（最多可以组合四块）如图 5-32(b) 所示，由于量块的主要特点是形状简单、量值稳定、耐磨性好、使用方便。

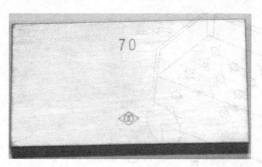

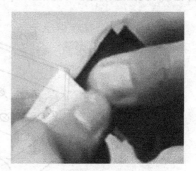

(a) 70mm量块　　　　　　　　　　(b) 量块的研合

图 5-32　量块

量块按制造精度分00、0、1、2、3和K六级，其中00级精度最高，按检定精度分为1、2、3、4、5等。其中1等精度最高，5等精度最低。

2．主要应用

量块的应用主要有：

① 作为长度标准，传递尺寸量值；

② 用于检定测量器具的示值误差；

③ 作为标准件，用比较法测量工件尺寸，或用来校准、调整测量器具的零位；

④ 用于直接测量零件尺寸；

⑤ 用于精密机床的调整和机械加工中精密划线。

3．注意事项及维护

① 量块是保存和传递长度单位量值的基准器具，只允许用于检定测量器具，精密测量，精密划线和精密机床的调整，不许用量块测量粗糙或不清洁的表面。

② 使用量块之前，测量人员应将双手洗净擦干。禁止带有汗液、潮湿、沾有污物的手使用量块。

③ 拆卸量块组时不可使用强力拉开，应沿着它的测量面长边的平行方向滑动分开。

④ 量块使用时要轻拿轻放，禁止撞击或施用强力。

⑤ 量块在每次测量完后，应立即用无水酒精和洁净的棉布将测量面加以清理，量块不用时一般都涂上工业凡士林油，包装后放入量块的专用盒中。

⑥ 量块应存放在干燥、无腐蚀性气体、通风良好、无灰尘的地方，房间温度18～25℃，湿度不大于50%的环境里。

学 后 测 评

一、填空题

1．根据游标万能角度尺的测量范围的不同，游标万能角度尺有Ⅰ型和Ⅱ型两种，其测量范围分别为_____和_____。

2．游标万能角度尺的安装位置不同，所形成的测量角度范围也不同，如需测量50°～140°范围的角度，需安装_____，测量_____范围的角度，需安装直尺和直角尺。

3．直角尺是用来检测_____和_____的定值量具。

4．_____又称测微片或厚薄规，它是由一组具有不同厚度级差的薄钢片组成，是用于_____的测量器具之一。

5．正弦规主要由一钢制长方体平板和固定在其两端的两个_____的钢圆柱体组成，正弦规两个圆柱中心距精度很高，常用的中心距有_____和_____两种。

6．_____又称正弦尺，是采用了_____原理，利用_____法进行精密测量角度和锥度的量规，通常需要精密测量平台、百分表（或千分表）、标准量块组合进行测量。

7. 量块是一种精密检验工具，采用＿＿＿＿＿＿＿＿制成，膨胀系数＿＿＿＿＿，不易变形，且耐磨性好，具有＿＿＿＿＿性。

二、简答题

1. 请简述游标万能角度尺与正弦规测量角度的区别。

2. 游标万能角度尺测量注意事项及保养方法。

项目六　零件形位公差与检测

零件在加工过程中，由于机床精度、加工方法等多种因素的影响，使零件的表面、轴线、中心对称平面等的实际形状和位置相对于所要求的理想形状和位置，不可避免地存在着误差，此误差叫做形状和位置误差，简称形位误差。

机械零件不仅会有尺寸误差，而且还会产生形状和位置误差。形状和位置误差，会影响机械产品的工作精度、连接强度、运动平稳性、密封性、耐磨性、噪声、使用寿命等。零件的形状误差对产品的工作精度、运动件的平稳性、耐磨性、润滑性以及连接件的强度和密封都会造成很大的影响。本项目介绍了形状公差的相关知识概念及常用的形状误差检测和评定的方法，分四个任务实施。本项目的学习目标如下。

知识目标

① 了解形位公差的概念、项目内容，形位公差的表达方式，在零件中的标记。
② 了解形位公差项目精度的应用，并会查表确定各项目的公差值。
③ 掌握公差原则的相关知识。
④ 了解形位公差检测方法的相关基本知识，初步掌握各种形位公差的检测方法。

能力目标

① 能够初步用形位公差表达相关零件的技术要求。
② 能够用形位公差的知识分析零件的相关技术要求。
③ 能够使用常用测量工具测量形位公差。

任务一　零件形状公差与测量

任务描述

某工厂新买入一台如图 6-1 所示的数控铣床，验收人员要对铣床导轨面进行直线度、平面度和试切加工零件的圆度、圆柱度的检测。

任务分析

完成这个任务首先应具备的知识与技能有：形位公差的相关概念、零件的几何要素、直线度、平面度、圆度、圆柱度的概念；检验直线度、平面度、圆度、圆柱度相关测量工具的使用知识和使用方法；当然，还要有耐心细致的工作态度。

任务实施

一、测量器具准备

测量器具见图 6-2。

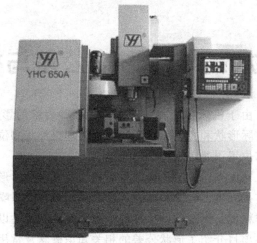

图 6-1　数控铣床

(a) 框式水平仪图

(b) 光学合像水平仪

(c) 工作台

(d) 百分表

(e) 划线平板

(f) 百分表座

(g) 阶梯轴

(h) V形架

图 6-2　测量器具

二、用水平仪检测机床导轨的直线

合像水平仪的操作过程是：将合像水平仪的底工作面放在被测量面上，如果被测量面不是绝对的水平面，则合像水平仪气泡的两个像就合不到一起，如图 6-3(b) 所示，此时不能进行读数，必须旋转微动螺丝钮，在旋钮转动过程中气泡的两个像就会互相移动，当旋钮转到一定位置时，两个像就合成为一个半圆像，如图 6-3(c) 所示，待两个像合成为一个半圆像且稳定后，即可在分度盘上读取该测量位置的数值。

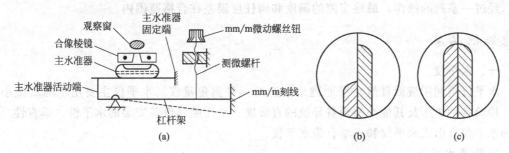

图 6-3　光学合像水平仪的工作原理示意图

合像水平仪的合像过程是水准器气泡移动的过程，而旋钮的作用是将弧形玻璃管调到水平位置，使气泡处于玻璃管的中央位置，其调整量从分度盘上读出，气泡合像仅起到指示作用，读数在分度盘上进行分度盘上读得毫米小数，从侧窗口 mm/m 刻线上读得毫米整数，将两个读数相加，即得到该测量位置的测量结果。

合像水平仪的分度值为 0.01mm/m，最程范围为 0～10mm/m 或 0～20mm/m。

经过一系列的操作，最终实测机床导轨在给定平面内的直线度误差在合格范围内。

三、检测机床工作台平面度

测量平面度的方法及步骤如下。

① 将划线平板和待测工作台清理干净。

② 将可调支承安放到平板上，然后将待测工作台放置在可调支承上，调节可调支承使待测平面目测水平。

③ 取出百分表，将百分表校零，并轻轻用手指推动测头观察测杆和指针动作是否灵敏。

④ 将百分表安装到百分表架上，使百分表测量杆与待测平面保持垂直。

⑤ 通过百分表读数调整被测平面上最远的三个测点，使其处于同一水平面内（即该三个点的百分表读数一致）。

⑥ 根据待测平面的大小和形状依次等距测量零件上的若干个点，并记录读数值。如图 6-4 所示。

经过一系列的操作，最终实测的工作台测定的平面度误差在合格范围内。

四、通过在数控铣床加工的零件测量圆度和圆柱度误差

测量圆度和圆柱度的方法及步骤如下。

① 将待测零件表面和 V 形架清理干净并将零件放置到 V 形架上。

② 将百分表取出校零，并用手轻轻推压测头，

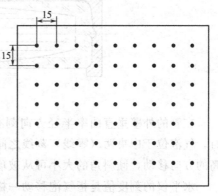

图 6-4　测点方法示意图

检查测杆和指针动作是否灵敏。

③ 将百分表安装到百分表架上调整百分表的高度，使百分表与被测要素接触良好。

④ 调整百分表的位置，使百分表的测量杆垂直指向零件的轴线。

⑤ 均匀测量若干个截面，并记录每个截面上零件回转一周过程中指示表指示的最大和最小值。

⑥ 评定被测件的圆度与圆柱度误差。

经过一系列的操作，最终实测的圆度和圆柱度误差在合格范围内。

知识拓展

一、水平仪

水平仪是利用液面自然水平原理来制造的一种测角量仪。水平仪主要用于测量微小角度，检验各种机床及其他类型设备导轨的直线度、平面度和设备安装的水平性、垂直性。常用的水平仪有框式水平仪和光学合像水平仪。

1. 框式水平仪

框式水平仪以水准器作为测量和读数元件，其结构如图 6-5 所示。在框式水平仪上通常装有纵向水准器和横向水准器。纵向水准器即主水准泡，其准确度要求高，用于测量；横向水准器即副水准泡，准确度稍低，主要用于测量时的调整。

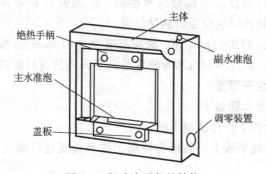

图 6-5　框式水平仪的结构

水准器的内壁制成一定曲率半径的密封玻璃管，管内装有乙醚（或酒精）并留有很小的空隙，形成气泡，如图 6-6 所示。

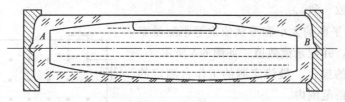

图 6-6　水准器

在管的外壁垂直曲率半径方向刻有刻度。水准器的工作原理是当水平仪位于水平位置时，气泡位于中央两（零线）刻线之间，即曲率半径的最高处。若不在水平位置，气泡则向高的方向移动，倾斜角的大小可从玻璃管上的刻线读出。

水平仪的刻度值是指气泡移动一格刻度时水平仪所需倾斜角的大小。由于水平仪的使用倾斜角 τ 很小，故 $\tan\tau \approx \tau$，因此，水平仪又可用斜率（$\tan\tau$）表示。

常用框式水平仪的分度值为 0.02mm/m。

2. 合像水平仪

合像水平仪是以测微螺旋副相对基座测量面调整水准器气泡，并由光学合像原理使水准器气泡居中后读数的水平仪。合像水平仪的原理与框式水平仪基本相同，只是构造上比框式水平仪多了套光学系统和读数调整机构，其结构如图 6-7 所示。

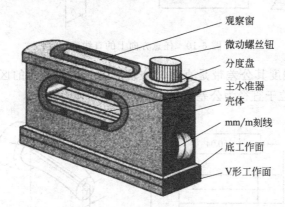

观察窗
微动螺丝钮
分度盘
主水准器
壳体
mm/m刻线
底工作面
V形工作面

图 6-7 光学合像水平仪的结构

合像水平仪有两套读数系统：从窗口 mm/m 刻线上读毫米整数，在分度盘上读毫米小数。

二、形状公差

形状公差带根据其特点可分为两类。其中直线度、平面度、圆度和圆柱度四个项目可归纳为一种类型，它们的特点不涉及基准，其公差带可以浮动。线轮廓度和面轮廓度为另一种类型，其公差带与基准要素有关。

直线度是用以限制被测实际直线对其理想直线变动量的一项指标，理想直线的位置应符合最小条件，即用直线度最小包容区域的宽度 f 或直径 ϕf 表示的数值，用于控制平面内或空间直线的形状误差。

① 在给定平面内的直线度如图 6-8 所示。

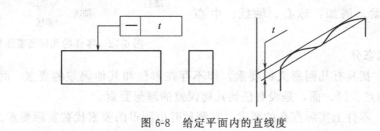

图 6-8 给定平面内的直线度

② 在给定方向上的直线度如图 6-9 所示。

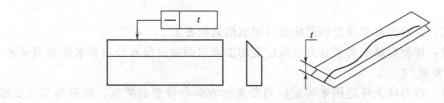

图 6-9 给定方向上的直线度

③ 任意方向上的直线度如图 6-10 所示。

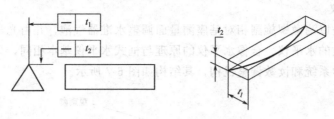

图 6-10　任意方向上的直线度

圆柱体轴线的直线度其公差带是直径为公差值内的圆柱面内的区域，如图 6-11 所示，ϕd 圆柱体的轴线必须位于直径为公差值 0.04mm 的圆柱体。

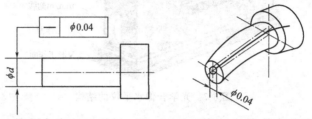

图 6-11　圆柱体轴线的直线度

三、零件的几何要素

几何要素是指构成零件几何特征的点、线和面，简称要素，如图 6-12 所示零件的顶点、球心、轴线、素线、球面、圆锥面、圆柱面、端面等。几何要素就是形位公差的研究对象。

几何要素的分类如下。

（1）按结构特征分

① 轮廓要素：是指构成零件轮廓的点、线、面的要素。例如：素线、圆柱面、圆锥面、平面、球面。

② 中心要素：轮廓要素对称中心所表示的点、线、面各要素。例如：球心、轴线、中心线、中心面等。

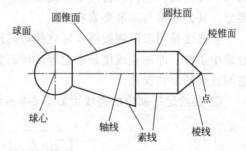

图 6-12　零件的几何要素图例

（2）按存在状态分

① 理想要素：指具有几何意义的要素，即不存在形位和其他误差的要素。例如：图样上组成零件图形的点、线、面，是没有任何几何误差的理想要素。

② 实际要素：零件上实际存在的要素。在测量时由测得的要素代替实际要素。

（3）按所处地位分

① 被测要素：是指图样上给出了形状和位置公差要求的要素，也就是需要研究和测量的要素。

② 单一要素：仅对要素本身提出形状公差要求的被测要素。

③ 关联要素：指相对基准要素有方向或位置功能要求而给出位置公差要求的被测要素，规定位置公差的要素。

④ 基准要素：指图样上规定用来确定被测要素的方向和位置的要素。理想的基准要素称为基准。

四、形位公差的相关概念

1. 形状和位置公差的概念

加工后的零件不仅尺寸存在误差，而且几何形状和相对位置也存在误差。为了满足使用要求，零件结构的几何形状和相对位置由形状公差和位置公差来保证。

① 形状误差和公差形状误差是指单一实际要素的形状对其理想要素形状的变动量。单一实际要素的形状所允许的变动量称为形状公差。

② 位置误差和公差位置误差是指关联实际要素的位置对其理想要素位置的变动量。理想位置由基准确定。关联实际要素的位置对其所允许的变动全量称为位置公差。

③ 形位公差的项目及符号见表 6-1。

表 6-1　形位公差的项目及符号

公差	特征项目	适用要素	符号	有无基准	公差	特征项目	适用要素	符号	有无基准
形状	直线度	单一要素	—	无	位置	平行度	关联要素	∥	有
	平面度		⬭			垂直度		⊥	
					定向	倾斜度		∠	
	圆度		○			同轴度		◎	有
	圆柱度		⌖			对称度		⚌	
					定位	位置度		⊕	有或无
形状或位置	轮廓	线轮廓度	单一要素或关联要素	⌒	有或无		圆跳动		↗	有
		面轮廓度		⌓			全跳动		⌯	

④ 公差带及其形状公差带是由公差值确定的限制实际要素（形状或位置）变动的区域。公差带形状有：两平行直线、两平行平面、两等距曲线、两等距曲面、圆、两同心圆、球、圆柱、四棱柱及两同轴圆柱。

2. 形状和位置公差的注法

国家标准 GB/T 1182—1996 规定，形位公差在图样中应采用代号标注。代号由公差项目符号、框格、指引线、公差数值和其他有关符号组成。

（1）形位公差框格及其内容

形位公差框格用细实线绘制，可画两格或多格，要水平（或铅垂）放置，框格的高（宽）度是图样中尺寸数字高度的两倍，框格长度根据需要而定。框格中的数字、字母和符号与图样中的数字同高，框格内由左至右（或由下至上）填写的内容为：第一格为形位公差项目符号，第二格为形位公差及有关符号，以后各格为基准代号的字母及有关符号，如图 6-13 所示。

（2）被测要素的注法

图 6-13　形位公差框格代号

用带箭头的指引线将被测要素与公差框格的一端相连。指引线箭头应指向公差带的宽度方向或直径方向。指引线用细实线绘制，可以不转折或转折一次（通常为垂直转折）。指引线箭头按下列方法与被测要素相连。

① 当被测要素为线或表面时，指引线箭头应指在该要素的轮廓线或其引出线上，并应明显地与该要素的尺寸线错开，如图 6-14(a) 所示。

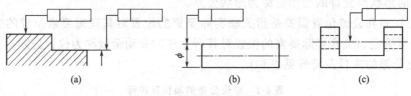

图 6-14　被测要素的标注方法

② 当被测要素为轴线、球心或中心平面时，指引线箭头应与该要素的尺寸线对齐，如图 6-14(b) 所示。

③ 当被测要素为整体轴线或公共对称平面时，指引线箭头可直接指在轴线或对称线上，如图 6-14(c) 所示。

（3）基准要素的注法

标注位置公差的基准，要用基准代（符）号。基准符号用粗短画线（宽度为粗实线的 2 倍，长度为 5～10mm）表示，如图 6-15(a) 所示，粗短画线上的指引线与框格的另一端相连，标注方法如图 6-16 所示。当用基准符号不便与框格相连时，需标注基准代号。如图6-15(b) 所示，基准代号由粗短画线、圆圈、连线和字母组成。圆圈直径与框格高（宽）度相同，圆圈内填写基准的字母符号。无论基准代号在图样上的方向如何，圆圈内的字母均应水平书写。圆圈和连线用细实线绘制，连线必须与基准要素垂直。基准代号注法如图 6-16 所示。

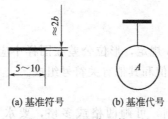

(a) 基准符号　　　(b) 基准代号

图 6-15　基准代（符）号

基准符号所靠近的部位有以下几个。

① 当基准要素为素线或表面时，基准符号应靠近该要素的轮廓线或其引出线标注，并应明显地与尺寸线箭头错开，如图 6-16(a) 所示。

② 当基准要素为轴线、球心或对称平面时，基准符号应与该要素的尺寸线箭头对齐，如图 6-16(b) 所示。

③ 当基准要素为整体轴线或公共对称平面时，基准符号可直接靠近公共轴线或公共对称线标注，如图 6-16(c) 所示。

（4）形位公差数值

① 形位公差的数值，无特殊说明时，一般是指被测要素全长上的公差值，如图 6-17(a) 所示。如果被测部位仅为某一局部范围时，可用细实线画出被测范围的尺寸，如图 6-17(b) 所示。

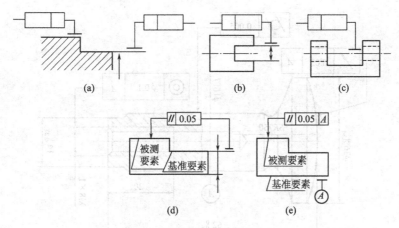

图 6-16 基准要素的标注方法

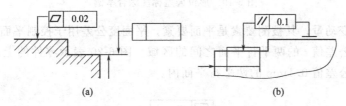

图 6-17 形位公差值的标注（一）

② 如果需要规定被测要素上任意长或任意范围的公差值时，应以比例形式，如图 6-18（a）所示。需要任意选择基准（即互为基准）的注法，如图 6-18（b）所示。如果被测要素全长及任意限定长度都需给定公差值时，应采用分数形式标注，如图 6-18（c）所示。

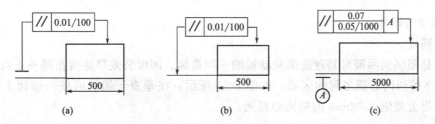

图 6-18 形位公差值的标注（二）

公差数值表示公差带的宽度或直径，当公差带是圆或圆柱时，应在公差数值前加注 "ϕ"，当公差带为球时，则应在公差数值前加注 "$S\phi$"。

（5）形位公差标注示例

形位公差标注的综合举例如图 6-19 所示，图中该阀杆杆身 $\phi16f7$ 的圆柱度公差为 0.005mm，M8×1 螺孔的轴线对于 $\phi16$ 轴线的同轴度公差为 $\phi0.1mm$（$\phi0.1mm$ 中的 "ϕ" 表示公差带形状为圆柱）；以 $\phi16f7$ 圆柱的轴线为基准，SR750 球面对 $\phi16f7$ 轴线的径向圆跳动公差为 0.03mm。

五、平面度公差的相关概念

1. 平面度公差

平面度是限制实际表面对理想平面变动的一项指标，平面度公差是指实际平面对理想平

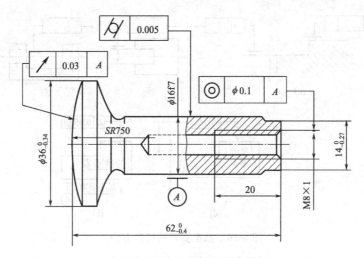

图 6-19　形位公差标注综合举例

面所允许的最大变动量，其被测要素是平面要素。平面度公差用于控制平面的形状误差，其公差带是距离为公差值 t 的两平行平面之间的区域。图 6-20 表示零件的上表面的实际表面必须位于距离为公差值 0.1mm 的两平行平面内。

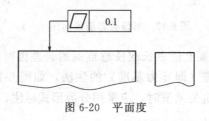

图 6-20　平面度

2. 圆度与圆柱度

（1）圆度

圆度是限制实际圆对其理想圆变动量的一项指标。圆度公差带是指在同一正截面上径差为公差值 t 的两同心圆之间的区域。如图 6-21 所示，在垂直于轴线的任一截面上圆必须位于半径差为公差值 0.02mm 的两同心圆间。

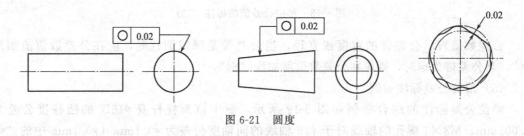

图 6-21　圆度

（2）圆柱度

圆柱度是限制实际圆柱面对其理想圆柱面变动量的一项指标。圆柱度公差可以同时控制圆度、素线直线度和两条素线直线度等项目的误差。圆柱度公差带是指半径差为公差值 t 的两同轴圆柱面之间的区域。如图 6-22 所示，圆柱面必须位于半径差为公差值 0.05mm 的两同轴圆柱面之间。

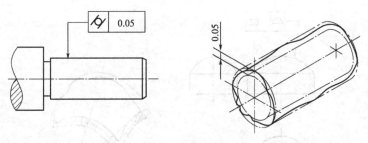

图 6-22 圆柱度

截面内的圆度误差为该截面最大示值与最小示值的差的一半。被测圆柱面的圆度误差为所有截面中圆度误差的最大值,圆柱度误差为被测范围内最大示值与最小示值的差的一半。

圆度误差与圆柱度误差不一致的原因是该零件圆柱面的轴线并非理想直线,本身存在直线度误差。

3. 线轮廓度

线轮廓度是限制实际曲线对其理想曲线变动量的一项指标。线轮廓度的公差带是包络一系列直径为公差值 t 的圆的两包络线之间的区域,各圆圆心应位于理想轮廓线上,如图 6-23 所示。

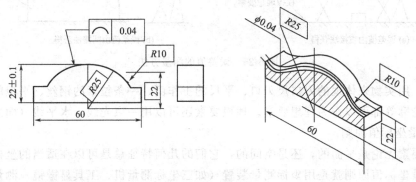

图 6-23 线轮廓度

4. 面轮廓度

面轮廓度是限制实际曲面对其理想曲面变动量的一项指标。面轮廓度的公差带是包络一系列直径为公差值 t 的球的两包络面之间的区域,各球球心应位于理想轮廓面上。如图 6-24 所示,被测轮廓面必须位于包络一系列直径为公差值 0.02mm 且球心位于理想轮廓面上球的两包络线之间。

六、形位误差的检测原则

由于零件结构的形式多种多样。形位误差的特征项目较多,所以形位误差的检测方法也很多。为了能够正确地检测形位误差,便于合理地选择测量方法,合理地选择量具和量仪,国标将各种方法归纳出一套检测形位误差的方案,概括为以下五种检测原则:

1. 与拟合要素比较的原则

与拟合要素比较的原则是指测量时将被测实际要素与相应的理想要素进行比较,在比较过程中测出实际要素的误差值,误差值可用直接方法和间接方法得出,如图 6-25 所示。

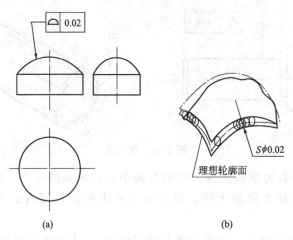

图 6-24　面轮廓度

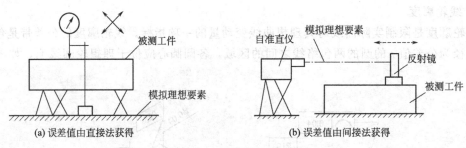

(a) 误差值由直接法获得　　　　　　　　(b) 误差值由间接法获得

图 6-25　误差值的测量方法

　　例如，用实物来体现的刀口尺刃口、平尺的工作面、一条拉紧的钢丝、平板的工作面以及样板的轮廓等都可以作为理想要素。理想要素还可以用一束光线、水平线（面）来体现。

　　2. 测量坐标值原则

　　被测要素无论是平面的，还是空间的，它们的几何特征总是可以在适当的坐标系中反映出来。测量坐标值原则就是用坐标测量装置（如三坐标测量机、工具显微镜）测量被测提取要素的坐标值（如直角坐标值、极坐标值、圆柱面坐标值），并经数据处理获得形位误差值。

　　该原则适用于测量形状复杂的表面，它的数字处理工作比较复杂，适用于使用计算机进行数据处理，其检测方法如图 6-26 所示。

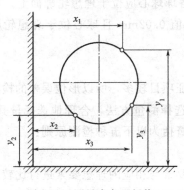

图 6-26　测量直角坐标值

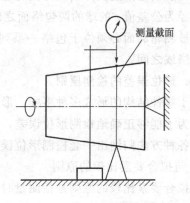

图 6-27　两点法测量圆度误差值

3. 测量特征参数原则

测量特征参数原则就是用被测提取要素上具有代表性的参数（即特征参数）来近似表示该要素的形位误差值。这是一种近似测量方法，易于实现，在实际生产中经常使用。

例如，以平面上任意方向的最大直线度误差来近似表示该平面的平面度误差；用两点法测量圆度误差（图6-27），即在一个横截面内的几个方向上测量直径，取最大与最小直径差的二分之一作为圆度误差。用该原则所得到的形位误差值与按定义确定的形位误差值相比，只是一个近似值。

4. 测量跳动原则

测量跳动原则是在被测实际要素绕基准轴线回转过程中，沿给定方向测量其对参考点或线的变动量。变动量是指指示器上最大与最小示值之差。跳动公差是按检测方法定义的，所以测量跳动的原则主要用于图样上标注了圆跳动或全跳动公差时的测量。例如，用V形架模拟基准轴线，并对零件轴向定位。在被测要素回转一周的过程中，指示器最大与最小读数之差为该截面的径向圆跳动误差；若被测要素回转的同时，指示器缓慢地轴向移动，在整个过程中指示器最大读数与最小读数之差为该零件的径向全跳动误差，如图6-28所示。

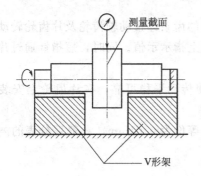

图6-28 径向跳动误差的测量方法

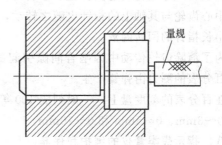

图6-29 综合量规检测同轴度误差

5. 控制实效边界原则

控制实效边界原则就是检验被测提取要素是否超过实效边界，以判断零件是否合格。判断被测实体是否超越最大实体实效边界的有效方法是用综合量规检测。综合量规是模拟最大实体实效边界的全形量规。若被测实际要素能被功能量规通过，则表示该项形位公差要求合格。如图6-29所示为用综合量规检测同轴度误差。

七、指示表类量仪

指示表类量仪包括百分表（精度为0.01mm）和千分表（精度0.001mm）、杠杆百分表和杠杆千分表、内径百分表和内径千分表、深度百分表等。其共同特点是将反映被测尺寸变化的测杆的微小直线位移，经机械放大后转测量结果。

指示表类量仪主要是采用微差比较法测量各种尺寸，也可用直接测量法测量微小尺寸及机械零件的形位误差，还可用作专用计量仪器及各种检验夹具的读数装置，用途非常广泛。

百分表的工作原理是将测杆的直线位移经过齿条和齿轮传动系统。转变为指针的角位移，从而在刻度表盘上指示出测量结果。百分表的分度值为0.01mm，主要用于测量长度尺寸、测量形位误差、检测机床的几何精度等，是机械加工生产和机械设备维修中不可缺少的量具，其外形结构如图6-30所示。

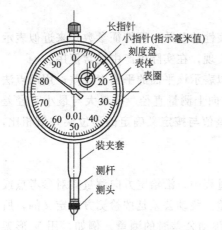

图 6-30　普通百分表外形结构图

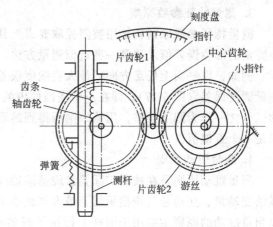

图 6-31　普通百分表的内部结构

百分表的内部结构及传动原理如图 6-31 所示。测杆上的齿条与轴齿轮啮合；与轴齿轮同轴的片齿轮 1 与中心齿轮啮合；中心齿轮上连接长指针；中心齿轮与片齿轮 2（与片齿轮 1 相同）啮合；片齿轮 2 上连接短指针。

当被测尺寸变化引起测杆上下移动时，测杆上部的齿条即带动轴齿轮及片齿轮转动，此时，中心齿轮与其轴上的指针也随之转动，并在表盘上指示示值。同时，短指针通过片齿轮指示出长指针的回转圈数。

为了消除齿轮传动中因啮合间隙引起的误差，使传动平稳可靠，在片齿轮上安装了游丝。百分表的测力由弹簧产生。

在百分表的刻度盘上，一般刻成 100 等份，每 1 等份为 0.01mm，一般百分表的测量范围为 0～3mm、0～5mm 和 0～10mm。

八、指示表类量仪的维护和保养

① 使用时要仔细，提压测杆的次数不要过多，距离不要过大，以免损坏机件，加剧测头端部以及齿轮系等的磨损。

② 不允许测量表面粗糙或有明显凹凸的工件表面，这样会使精密量仪的测杆发生歪扭和受到旁侧压力，从而损坏测杆和其他机件。

③ 应避免剧烈震动和碰撞，不要使测量头突然撞击在被测表面上，以防测杆弯曲变形，更不能敲打表的任何部位。

④ 在遇到测量杆移动不灵活或发生阻滞时，不允许用强力推压测头，应送交计量部门检查修理。

⑤ 不要把精密量仪放置在机床的滑动部位上，如机床导轨等处。以免使量仪轧伤或摔坏。

⑥ 不要把精密量仪放置在磁场附近，以免造成机件被磁化，降低灵敏度或失去应有的精度。

⑦ 为防止水或油液渗入百分表内部，应避免量仪与切削液或冷却剂接触，以免机件腐蚀。

⑧ 不要随便拆卸精密量表，以免灰尘及油污进入机件，造成传动系统的故障或弄坏机件。

⑨ 在精密量表上不准涂抹任何油脂，否则会使测量杆和套筒黏结。造成动作不灵活，而且油脂易黏结尘土，从而损坏量表内部的精密机件。

⑩ 不使用时，应使测量杆处于自由状态，不应有任何压力加在上面。

⑪ 若发现百分表有锈蚀现象，应及时交计量部门检修。

⑫ 精密量表不能与锉刀、凿子等工具堆放在一起，以免擦伤、碰坏精密测量杆或打碎玻璃表盖等。

⑬ 使用完毕后，必须用干净的布或软纸将精密量表的各部分擦干净，并使测量杆处于自由状态，以免表内弹簧失效，然后装入专用的盒子内。

任务二　零件定向公差与测量

任务描述

模具零部件的定向公差对一套模具的装配和生产有着决定性的影响，在装配模具零件时，零件之间相对的定向公差，如平行度、垂直度、倾斜度之的要求能直接影响到整个模具的寿命。为了更好地了解定向公差的意义，特选出几个零部件来学习。如图 6-32 所示为电吹风机的模具图。

图 6-32　电吹风机模具

任务分析

要使模具在加工之后能正常使用，模座与模盖之间的平行度一定要保证，才能对进一步的生产保证质量。另外在加工、安装时要利用到的定位附件之间的垂直度也对整个模具也受到影响。要通过一系列的学习和测量，判断其合格性。

任务实施

一、测量模座与模盖平行度

1. 测量器具

见图 6-33。

(a) 模座

(b) 划线平板

(c) 千分表及表架

图 6-33　测量器具

2. 测量步骤

① 将待测零件清理干净，并将其放置在平板上。

② 将千分表校零，并用手轻触千分表的测头，检查测杆和指针的运动是否流畅。

③ 将千分表安装到表架上，使测头和待测表面垂直接触。

④ 沿直线移动表架，记录移动过程中千分表示值的最大和最小读数。

⑤ 重复步骤④，检测均匀分布的若干条直线（如图 6-34 所示），并完成测量。

图 6-34　均匀分布的补测直线

经过一系列的操作，最终实测的模座测定的平行度误差在合格范围内。

说明：平行度误差为整个测量范围内最大示值与最小示值之差。

二、测量定位附件垂直度

1. 测量器具

平板、直角尺（图 6-35）。

图 6-35　直角尺

图 6-36　定位附件

2. 测量零件

定位附件（图6-36）。

3. 测量步骤

① 将待测零件清理干净，并放置在平板上。

② 将零件被测平面最前端紧靠直角尺。

③ 观察直角尺和零件之间的光隙的大小并对比标准光隙，以最大光隙作为该检测内的垂直度误差并记录（注意观察时视线应和观察面中心齐平，垂直于光隙）。

④ 将被测平面前移一固定段距离，重复步骤3，测量若干次直到完成整个零件待测平面的测量。

结果：经过一系列的操作，最终实测的定位附件测定的垂直度误差在合格范围内。

三、测量附件钢制垫块倾斜度

1. 测量器具。

见图6-37。

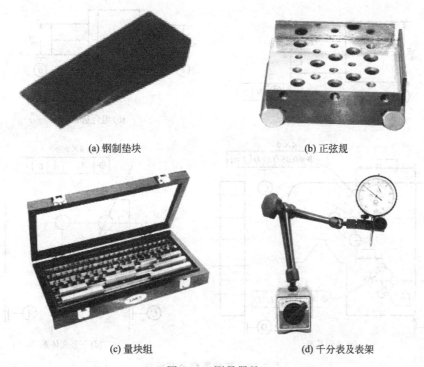

(a) 钢制垫块　　　　　　　　(b) 正弦规

(c) 量块组　　　　　　　　(d) 千分表及表架

图6-37　测量器具

2. 测量步骤

① 将待测零件清理干净，并将其放置在正弦规上。

② 计算正弦规一端所需垫高的高度，并选出相对应的量块组合。

③ 将选中的量块组合叠放在正弦规一端，使零件表面水平。

④ 将千分表校零，并用手轻触千分表的测头，检查测杆和指针的运动是否流畅。

⑤ 将千分表安装到表架上，使测头和待测表面垂直接触。

⑥ 调整零件使千分表在被测表面上的示值差为最小。

⑦ 根据被测表面均匀选取若干个测点测量，并将示值填入测量报告相关栏内。

结果：经过一系列的操作，最终实测的钢制垫块测定的倾斜度误差在合格范围内。

知识拓展

一、位置公差

1. 位置误差与基准

位置误差是被测关联实际要素的方向或位置对其理想要素的方向或位置的变动量。

确定位置误差的方法如下。

① 按最小条件确定基准的理想要素的方向或位置。

② 由基准理想要素的方向或位置确定被测理想要素的方向或位置。

③ 将被测实际要素的方向或位置与其理想要素的方向或位置进行比较，以确定位置误差值。

基准类型：单一基准、组合基准（公共基准）、基准体系（三基面基准），如图 6-38 所示。

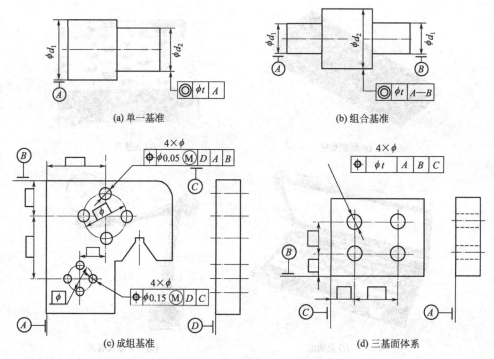

图 6-38　基准类型及其标注

2. 位置公差带定义

位置公差可分为定向、定位和跳动三类公差。其中定向公差包括平行度、垂直度和倾斜度；定位公差包括同轴度、对称度和位置度；跳动公差包括圆跳动和全跳动。

（1）定向公差带特点

① 定向公差带相对于基准有确定的方向。

② 定向公差带具有综合控制被测要素的方向和形状的能力。定向公差带一经确定，被测要素的方向和形状的误差也受到约束。

在设计时应该注意对某一被测要素给定定向公差后，一般不必给出形状公差。

（2）平行度公差

平行度是限制实际要素对基准在平行方向上变动量的一项指标。平行度公差是一种定向公差，是指被测要素相对基准在平行方向上允许的变动全量。所以，定向公差具有控制方向的功能，即控制被测要素对基准要素的方向。根据被测要素与基准要素各自几何特征的不同，平行度包含面对面、线对面、向对线和线对线四种情况。

根据零件的功能不同，平行度公差有给定一个方向、给定互相垂直的两个方向和任意方向等情况。

① 线对线的平行度 被测直线公差带是距离为公差值 t，且平行于基准线指定方向上的两平行平面之间的区域，在任意方向上的公差带是直径为公差值 ϕt，且平行于基准线的圆柱面内的区域，如图 6-39 所示。

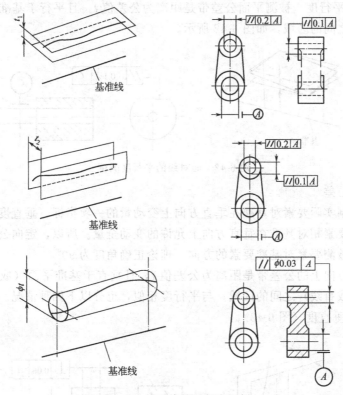

图 6-39 线对线的平行度图例

② 线对面的平行度 被测直线公差带是距离为公差值 t，且平行于基准面的两平行平面之间的区域。如图 6-40 所示，被测孔轴线对于基准平面 B 的平行度公差为 0.01mm。

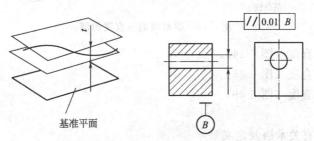

图 6-40 线对面的平行度图例

③ 面对面的平行度　被测平面公差带是距离为公差值 t，且平行于基准面的两平行平面之间的区域。如图 6-41 所示，被测要素平面必须位于距离为公差值 0.1mm，且平行于基准要素平面的两平行平面内。

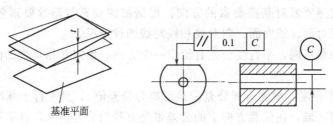

图 6-41　面对面的平行度图例

④ 面对线的平行度　被测平面公差带是距离为公差值 t，且平行于基准线的被测平面方向上两平行平面之间的区域，如图 6-42 所示。

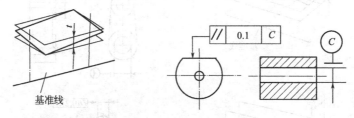

图 6-42　面对线的平行度图例

二、垂直度公差

垂直度是限制实际要素对基准在垂直方向上变动量的一项指标。垂直度公差是一种定向公差，是指被测要素相对基准在垂直方向上允许的变动全量。所以，定向公差具有控制方向的功能，即控制被测要素对基准要素的方向，理论正确角度为 90°。

在给定一个方向上的公差带是距离为公差值 t，且垂直于基准平面（或直线、轴线）的两个平行平面（或直线）之间的区域。与平行度相似，也分以下四种情况。

① 线对线的垂直度（图 6-43）。

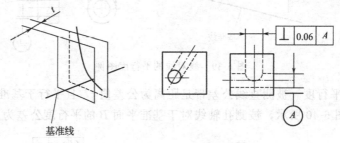

图 6-43　线对线的垂直度图例

② 线对面的垂直度（图 6-44）。

③ 面对线的垂直度（图 6-45）。

④ 面对面的垂直度（图 6-46）。

三、公差原则

1. 公差原则的有关术语及定义

（1）局部实际尺寸

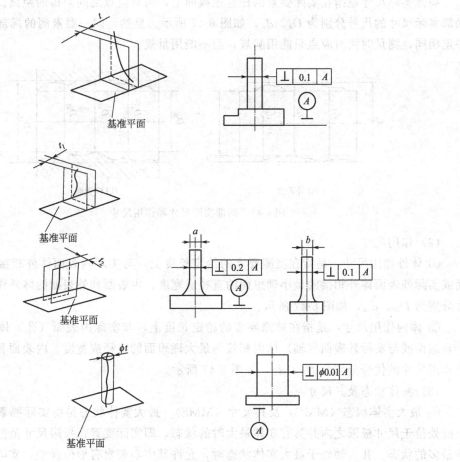

图 6-44　线对面的垂直度图例

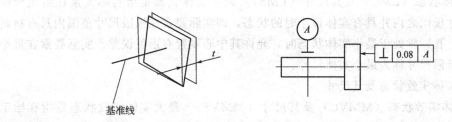

图 6-45　面对线的垂直度图例

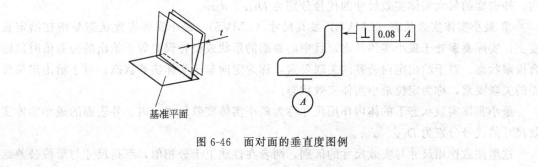

图 6-46　面对面的垂直度图例

局部实际尺寸是指在实际要素的任意正截面上，两对应点之间测得的距离。内外表面的局部实际尺寸的代号分别为 D_a、d_a，如图 6-47 所示。显然，同一要素测的局部实际尺寸不一定相同，测量时两对应点只能用脚规，而不能用量规。

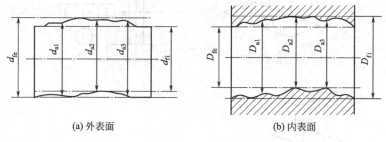

(a) 外表面　　　　　　　　　　　　　(b) 内表面

图 6-47　局部实际尺寸和作用尺寸

（2）作用尺寸

① 体外作用尺寸：是指在被测要素的给定长度上，与实际内表面体外相接的最大理想面或实际外表面体外相接的最小理想面的直径或宽度。内表面和外表面的体外作用尺寸的代号分别为 D_{fe}、d_{fe}，如图 6-47 所示。

② 体内作用尺寸：是指在被测要素的给定长度上，与实际内表面（孔）体内相接的最小理想面或与实际外表面（轴）体内相接的最大理想面的直径或宽度。内表面和外表面的体内作用尺寸的代号分别为 D_{fi}、d_{fi}，如图 6-47 所示。

（3）实体状态及其尺寸

① 最大实体状态（MMC）及其尺寸（MMS）　最大实体状态是指实际要素在给定长度上处处位于尺寸极限之内并具有实体最大时的状态，即实际要素在极限尺寸范围内具有材料量最多的状态。孔、轴处于最大实体状态时，允许其中心要素有形位误差。实际要素在最大实体状态下的极限尺寸称为最大实体尺寸。

② 最小实体状态（LMC）及其尺寸（LMS）　最小实体状态是指实际要素在给定长度上处处位于尺寸极限之内并具有实体最小时的状态，即实际要素在极限尺寸范围内具有材料量最少的状态。孔、轴处于最小实体状态时，允许其中心要素有形位误差。实际要素在最小实体状态下的极限尺寸称为最小实体尺寸。

（4）最大实体实效状态及其尺寸

① 最大实体实效状态（MMVC）及其尺寸（MMVS）　最大实体实效状态是指在给定长度上，实际要素处于最大实体状态，且其中心要素的形状或位置误差等于给出的公差值时的综合极限状态。实际要素在最大实体实效状态下的体外作用尺寸称为最大实体实效尺寸。内、外表面的最大实体实效尺寸的代号分别为 D_{MV}、d_{MV}。

② 最小实体实效状态（LMVC）及其尺寸（LMVS）　最小实体实效状态是指在给定长度上，实际要素处于最小实体状态，且中心要素的形状或位置误差等于给出的公差值时的综合极限状态。对于给出定向公差的关联要素，称为定向最小实体实效状态；对于给出定位公差的关联要素，称为定位最小实体实效状态。

最小实体实效状态下的体内作用尺寸称为最小实体实效尺寸。内、外表面的最小实体实效尺寸的代号分别为 D_{LV}、d_{LV}。

这里注意作用尺寸与实效尺寸的区别，两者在性质上十分相似，都是尺寸与形位公差综合的结果，但是从定量上来看两者是不同的。作用尺寸是实际尺寸与形位误差综合而成的，对一批零件来说它是一个变量，而实效尺寸是最大实体尺寸与形位公差综合而成的，对一批零件来说它是一个定量。当然两者也有一定关系，就是实效尺寸可作为允许的极限作用尺寸。

2. 公差原则（要求）

公差原则按形位公差是否与尺寸公差发生关系，分为独立原则和相关要求。相关要求则按应用的要素和使用要求不同，又分为包容要求、最大实体要求、最小实体要求及其可逆要求。在此仅讲述独立原则、相关要求中的包容要求和最大实体要求。

（1）独立原则

图样上给定的形位公差和尺寸公差相互独立，彼此无关，测量时分别满足各自的要求，如图 6-48 所示。

应用范围：用于尺寸精度与形位精度的精度要求相差较大，需分别满足要求，或两者无联系，保证运动精度、密封性，未注公差等场合，有配合要求或无配合要求但有功能要求的几何要素，如印刷机中的滚筒外表面、量仪工作台的工作平面等。

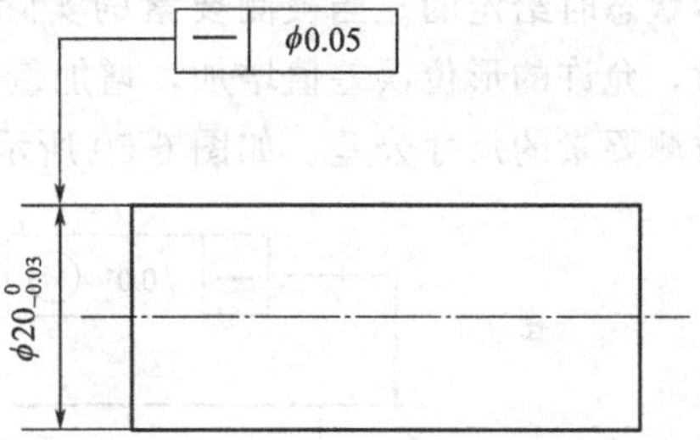

图 6-48 独立原则应用标注实例

（2）相关要求

相关要求是指被测实际要素处处位于具有理想形状的包容面内的一种公差要求。该理想形状的尺寸为最大实体尺寸。当被测要素偏离了最大实体状态是，可将尺寸公差的一部分或全部补偿给形状公差。因此，它属于相关要求，表明尺寸公差与形状公差有关系。它包括包容要求、最大实体要求、最小实体要求、可逆要求（可逆要求不能单独使用，只能与最大实体要求或最小实体要求联用）。

① 包容要求　以最大实体尺寸（MMS）作为边界值，当被测要素上各点的实际尺寸已达到此边界时，则此要素不得再有任何形位公差，而只有当实际尺寸偏离最大实体尺寸时，其偏离值允许补偿给形位公差。实际要素处处位于具有理想形状包容面内。该理想形状的尺寸为 MMS，此时它应遵守最大实体边界 MMB；即作用尺寸不超出最大实体尺寸，局部实际尺寸不超过最小实体尺寸。

对于轴来说，作用尺寸小于或等于最大实体尺寸，即 $d_m \leqslant$ MMS；实际尺寸大于或等于最小实体尺寸，即 $d_a \geqslant$ LMS。对于孔来说，作用尺寸大于或等于最大实体尺寸，即 $D_m \geqslant$ MMS；实际尺寸小于或等于最小实体尺寸，即 $D_a \leqslant$ LMS。

单一要素的形状公差与尺寸公差按包容原则相关时，应在尺寸公差后面加注包容原则的代号 E，具体标注如图 6-49 所示。

应用范围：配合性质要求严格的配合表面。

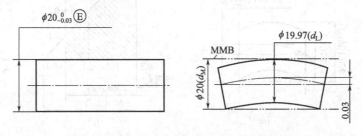

图 6-49 包容要求标注实例

图 6-49 所示的轴采用了包容要求，其含义为：该轴的最大实体边界为直径等于 $\phi20mm$ 的理想圆柱面（孔），当轴的实际尺寸处处为最大实体尺寸 $\phi20mm$ 时，轴的直线度应为零。当轴的实际尺寸偏离最大实体尺寸时，可以允许轴的直线度（形状误差）相应增加，增加量为最大实体尺寸与实际尺寸之差（绝对值），其最大增加量等于尺寸公差，此时轴的实际尺寸应处处为最小实体尺寸，轴的直线度误差可增大到 $\phi0.03mm$。

② 最大实体要求　最大实体要求是控制被测要素的实际轮廓处于其最大实体实效边界之内的一种公差要求，适用于中心要素。当最大实体要求用于被测要素时，应在形位公差框格内的公差值后标注符号 M；当最大实体要求用于基准要素时，应在形位公差框格内的基准字母后标注符号 M。最大实体要求用于被测要素，其形位公差值是在该要素处于最大实体状态时给定的。当被测要素的实际较偏离最大实体状态，即实际尺寸偏离最大实体尺寸时，允许的形位误差值增加，增加量为实体尺寸对最大实体尺寸的偏移量，最大增加量等于被测要素的尺寸公差。如图 6-50 所示。

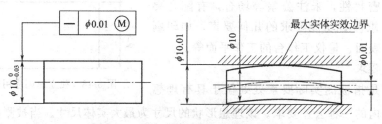

图 6-50　最大实体原则标注及应用举例

最大实体要求用于被测要素时，被测要素应遵守最大实体实效边界。

外表面：$d_{fe} \leqslant d_{MV} = d_{min} + t$　　　$d_{max} \geqslant d_a \geqslant d_{min}$

内表面：$D_{fe} \geqslant D_{MV} = D_{min} - t$　　　$D_{max} \geqslant D_a \geqslant D_{min}$

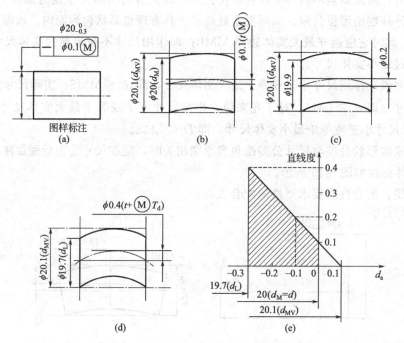

图 6-51　最大实体要求用于被测要素实例

如图 6-51(a) 所注的轴，当轴处于最大实体状态（实际尺寸为 20mm）时，轴线的直线度公差为 0.1mm，如图 6-51(b) 所示。

当轴实际尺寸小于 20mm，为 19.9mm 时，轴线的直线度公差为 0.1＋0.1＝0.2mm，如图 6-51(c) 所示。

当轴的实际尺寸为最小实体尺寸（19.7mm）时，轴线的直线度公差可能为最大值，且等于给出的直线度公差与尺寸公差之和，即 0.1＋0.3＝0.4mm，如图 6-51(d) 所示。

在图（b）、（c）、（d）中，轴的体外作用尺寸都没有超过最大实体实效边界（即 20.1mm 的圆柱面），实际尺寸均未超过最大、最小极限尺寸，所以是合格的。

四、倾斜度公差

1. 倾斜度公差

倾斜度公差限制实际要素对基准要素在倾斜方向上的变动量。倾斜度公差是指限制被测实际要素对基准在倾斜方向上的变动全量。倾斜度同样也是四种情况，如图 6-52～图 6-55 所示。

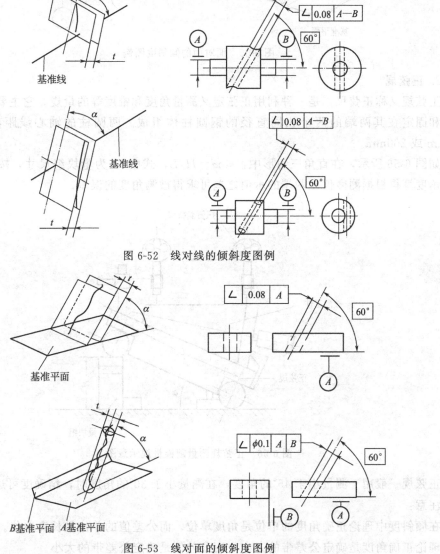

图 6-52 线对线的倾斜度图例

图 6-53 线对面的倾斜度图例

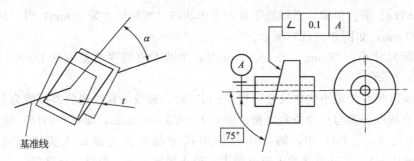

图 6-54　面对线的倾斜度图例

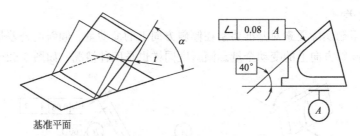

图 6-55　面对面的倾斜度图例

2. 正弦规

正弦规又称正弦尺，是一种利用正弦定义测量角度和锥度等的量规。它主要由一钢制长方体和固定在其两端的两个相同直径的钢圆柱体组成。两圆柱的轴心线距离 L 一般为 100mm 或 200mm。

如图 6-56 所示，在直角三角形中，$\sin\alpha = H/L$，式中 H 为量块组尺寸，按被测角度的公称角度算得根据测微仪在两端的示值之差可求得被测角度的误差。

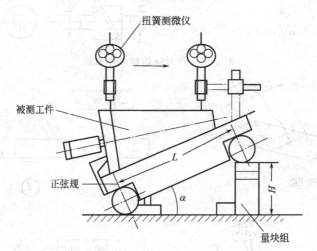

图 6-56　正弦规测量圆锥量规示意图

正弦规一般用于测量小于 45° 的角度，在测量小于 30° 的角度时，精确度可达 $3'' \sim 5''$。

注意：

在倾斜度中理论正确角度的单位是角度单位，而公差值的单位是长度单位。

理论正确角度是确定公差带的方向，而公差值是确定公差带的大小。

任务三　零件定位公差与测量

任务描述

图 6-57 为某汽车后桥中的传动部分，其动力传动简化图如图 6-58 所示。

图 6-57　汽车后桥

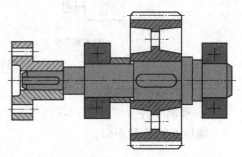

图 6-58　简化图

任务分析

由于传动部分有要求做旋转运动的功能，在简化图最左边的零件为左端面为带球面的轴零件，为了使动力传递过程中顺利、安全，对零件的位置度要求较高；而对带键槽心轴的旋转轴对称度、同轴度也有较高要求。因此，要通过相关内容的学习，检测零件的性能。

任务实施

一、位置度的测量

1. 被测零件

带球面的轴零件见图 6-59。

图 6-59　带球面的轴零件

2. 测量器具

百分表、划线平板、百分表架、V 形架、回转定心夹头。

3. 操作步骤

① 安装被测零件。将被测零件用回转定心夹头定位，选择与球心直径一致的钢球放置在被测零件的球面内，这样是以钢球球心模拟被测球面的中心。

② 安装百分表，并将百分表调零，如图 6-60 所示。

③ 将被测零件绕自身轴线回转一周，读取并记录径向百分表的读数和垂直方向百分表的读数。

结果：经过重复测量验证，该零件根据给定公差评定为合格产品。

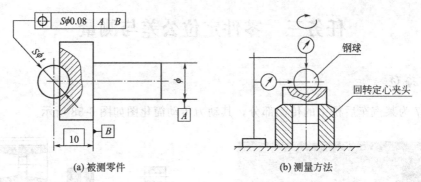

(a) 被测零件　　　　　　　　　(b) 测量方法

图 6-60　用百分表测量球心位置度误差

二、对称度的测量

1. 被测零件

键槽心轴见图 6-61。

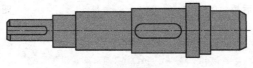

图 6-61　键槽心轴

2. 测量器具

百分表、划线平板、百分表架、V 形架。

3. 测量步骤

① 将划线平板、V 形架和待测零件清理干净。

② 将定位块装入零件的键槽中。必要时应进行研合，定位块不能有松动现象。

③ 将被测零件放在 V 形架上。

④ 将百分表安装到百分表架上，使百分表测杆与待测平面保持垂直。

⑤ 转动 V 形架上的零件，使定位块上表面横向与平板平行，如图 6-62 所示。

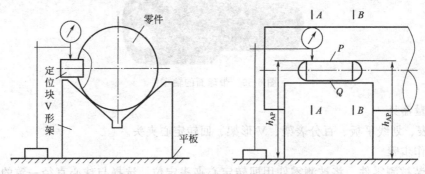

图 6-62　键槽对称度误差测量示意图

⑥ 分别测量出定位块两端（$A—A$ 和 $B—B$ 截面）P 面离平板的距离，并记录数值 a_{AP}、a_{BP}。

⑦ 将被测零件沿轴线旋转 180°，并调整定位块，使定位块上表面横向与平板平行。

⑧ 再分别测量出定位块两端（$A—A$ 和 $B—B$ 截面）Q 面离平板的距离，并记录数值

a_{AQ}、a_{BQ}。

结果：经过重复测量验证，该零件根据给定公差评定为合格产品，符合使用要求。

小提示：当对称度公差遵守独立原则，且为单件、小批量生产时，用普通计量器具测量。在大批量生产中，键槽的对称度有工艺保证，加工过程一般不必检验。

三、同轴度的测量

1. 被测零件

键槽心轴 [图 6-63(a)]。

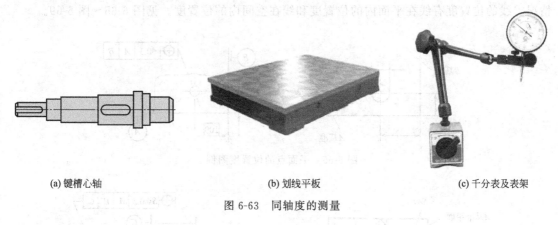

(a) 键槽心轴　　　　　(b) 划线平板　　　　　(c) 千分表及表架

图 6-63　同轴度的测量

2. 测量器具

千分表及表架 [图 6-63(c)]、V 形架、划线平板 [图 6-63(b)]。

3. 测量步骤

① 将被测零件基准轮廓要素的中截面放置在两个等高的刃口状 V 形架上，并在轴向定位。公共基准轴线由 V 形架模拟，如图 6-64 所示。

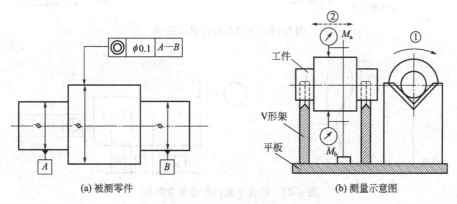

(a) 被测零件　　　　　　　　(b) 测量示意图

图 6-64　用百分表测量同轴度误差

也可将被测零件安装在跳动检查仪的两顶尖间，公共基准轴线由两顶尖模拟。

② 将百分表安装到表架上，使百分表测杆与测量面接触并调零。

③ 测量时将被测零件回转一周，读出图示两指示表在垂直基准轴线的正截面上各对应点的示值，取两读数差值的最大值为该截面上的同轴度误差。

④ 按上述方法测量若干个截面，取各截面中最大同轴度误差作为该零件的同轴度误差。

结果：经过重复测量验证，该零件根据给定公差评定为合格产品，符合使用要求。

注：此种方法适用于测量形状误差较小的零件。同轴度误差除百分表来测量外，还可利用圆度仪测量进行测量。

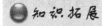知识拓展

一、位置度公差的相关概念

位置度是控制被测要素位置的一项指标。根据被测要素的不同，位置度分为点的位置度、线的位置度及面的位置度。点的位置度有点在平面内的位置度和点在空间的位置度两种情况。线的位置度有线在平面内的位置度和线在空间内的位置度。见图 6-65～图 6-69。

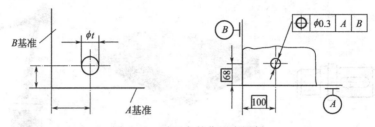

图 6-65 平面点的位置度图例

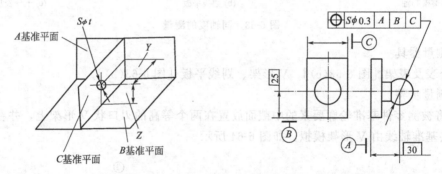

图 6-66 空间点的位置度图例

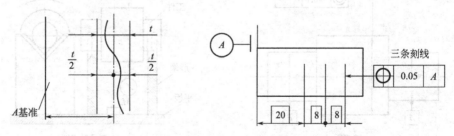

图 6-67 线在平面内的位置度图例

位置度公差用来控制被测要素的实际位置相对于其理想位置的变动量，其理想位置由理论正确尺寸及基准所确定。

理论正确尺寸是不附带公差的精确尺寸，在图样上用带方框的尺寸表示，以区别于未注尺寸公差的尺寸。

二、对称度公差的相关概念

对称度是限制理论上要求共面的被测要素偏离基准要素的一项指标。对称度公差是指实际要素对理想要素所允许的最大变动量，其被测要素是中心平面、中心线或轴线。对称度有

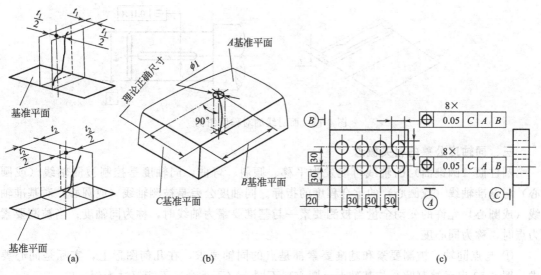

图 6-68　线在空间的位置度图例

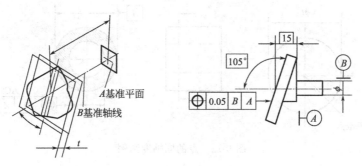

图 6-69　平面的位置度图例

面对面的对称度（用于限制被测要素中心平面对基准要素中心平面的共面性的误差）和面对线的对称度（用于限制被测要素中心平面对基准要素中心线或轴线的共线性的误差）两种情况。

　　对称度的公差带是距离为公差值 t，且相对基准中心平面（或中心线、轴线）对称配置的两平行平面（或垂直平面）之间的区域。面对面对称度公差带示例如图 6-70 所示，槽的中心面必须位于距离为公差值 0.08mm，且相对基准中心平面对称配置的两平行平面之间。

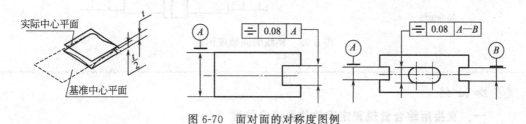

图 6-70　面对面的对称度图例

　　对称度的公差带是距离为公差值 t，且对基准轴线对称配置的两平行平面之间的区域。面对线对称度公差带示例如图 6-71 所示，提取（实际）面必须位于距离为公差值 0.1，且对基准轴线 A 对称配置的两平行平面之间。

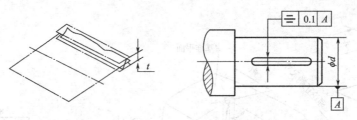

图 6-71　面对线的对称度图例

三、同轴度公差的相关概念

圆柱面（圆锥面）的轴线可能发生平移、倾斜、弯曲，同轴度是控制被测轴线（或圆心）与基准轴线（或圆心）的重合程度的指标。同轴度公差是被测轴线（或圆心）对基准轴线（或圆心）允许的变动全量当被测要素一与基准要素为轴线时，称为同轴度；当被测要素为点时，称为同心度。

① 与点同轴　被测要素和基准要素都是点的同轴要求，在几何图形上，实际是同心要求。图 6-72 表示被测圆心与基准点（圆心）不同心（不重合）不能超过 $\phi t(\phi 0.1)$。

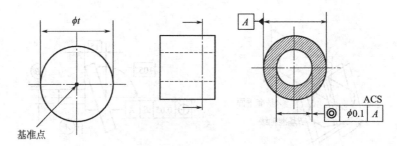

图 6-72　点的同轴度图例

② 轴线的同轴度　同轴度的公差带是直径为公差值 ϕt，且与基准轴线同轴（重合）的圆柱面内的区域。如图 6-73 所示，公差带是如 $\phi 0.08$mm 的圆柱面，它与公共基准轴线 A—B 同轴。ϕd 的实际轴线应位于此公差带内。

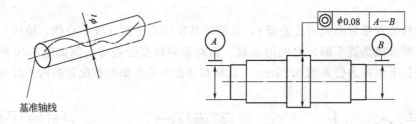

图 6-73　轴线的同轴度图例

🔵 **加油站**

一、直接用综合量规评定零件位置度合格性

如图 6-74 所示的法兰盘零件，要求用于安装螺钉用的四个孔具有以中心孔轴线为基准的位置度。测量时，将检验量规的基准测销和固定测销插入零件中，再将活动测销插入其他孔中，如果都能插入零件和量规的对应孔中，就能判断四个孔的位置合格。

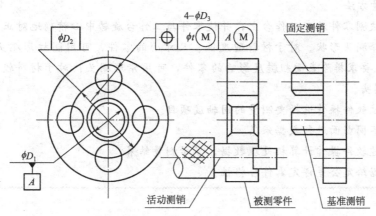

图 6-74 量规检验孔的位置度合格性

二、圆度仪的结构与工作原理

1. 圆度仪

圆度仪分转台式（工作台旋转）和转轴式（传感器旋转）两种。

图 6-75 所示的圆度仪为转台式，它由立柱①、旋转工作台②、传感器③、处理器④、测头⑤、显示屏⑥等组成。

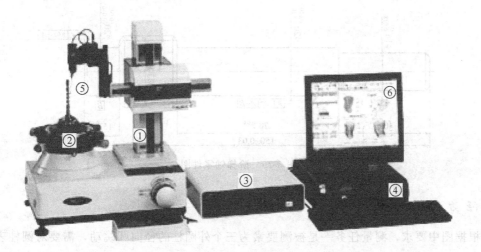

图 6-75 圆度仪

圆度仪是以高精度的转台旋转轴线为基准，测量回转零件的径向变化。测量前，将被测零件放置在工作台上，并使零件与工作台旋转中心精确地对正。测量时，传感器探针与被测零件截面接触，被测零件截面实际轮廓引起的径向尺寸的变化由传感器转化为电信号，送到处理器处理，由计算机显示结果。

圆度仪可根据零件形状和测量需要选配多种测头和夹持卡盘。由于机器自带调整功能，使得调心、调水平工作方便、准确。进行测量操作时，只需要选定要分析的项目图标，即可开始测量。

圆度仪不仅可以用来测量同轴度误差，还能实现同心度、圆度、跳动等误差的测量。

2. 测量方法

① 将被测零件放在工作台上，并使零件与工作台旋转中心精确地对正。

② 选择测头形状。对于材料硬度低、尺寸小的零件，可用圆柱形测头；对于材料硬度低、要求排除表面粗糙度影响的零件，可用斧形测头；对于材料较硬的零件，可用球形测头。

③ 通过软件操作选择要测量的同轴度项目。

④ 对不同截面进行数据采集。

⑤ 通过软件操作计算机处理数据，显示测量结果。

⑥ 根据给定公差评定零件合格性。

任务四　零件跳动公差与测量

任务描述

校办工厂承接了 300 件传动阶梯轴制作定单（如图 6-76 所示），现已完成切削加工，送到检测组，要求按照工艺图样要求进行测量，综合评价轴的质量。

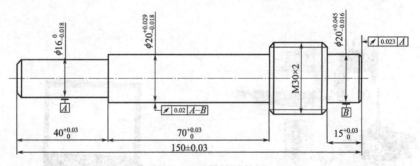

图 6-76　阶梯轴零件图

任务分析

根据图中要求，测量任务一是被测要素为三个外圆柱的径向圆跳动，需要对圆柱表面进行测量，检测该三个圆柱部的径向圆跳动是否在规定的公差值范围内。测量任务二是要检测阶梯轴的端面有端面圆跳动要求，检测该端面相对基准轴线的端面圆跳动误差是否在规定的公差值范围内。

任务实施

① 将零件安装在偏摆仪上，用两顶尖固定。

② 将千分表安装在偏摆仪的表架上。

③ 使千分表测杆和轴线垂直，并使轴线上方测头和零件接触良好。

④ 旋转零件，测量若十个截面的径向圆跳动误差，将最大示值和最小示值记录到测量报告相关栏内。

⑤ 调整测杆、千分表与轴线平行，使测杆和被测端面接触良好。

⑥ 旋转零件，测量若干个截面的端面圆跳动误差，将最大示值和最小示值记录到测量报告相关栏内。

⑦ 重复步骤③，测量零件圆柱面的径向全跳动误差，并记录整个测量过程中的最大示值和最小示值。

⑧ 重复步骤⑤，测量零件圆柱而的端而全跳动误差，并记录整个测量过程中的最大示值和最小示值。

结果：经过重复测量验证，该零件根据给定公差评定为合格产品，符合使用要求。

① 被测零件：阶梯轴（图 6-77）。

② 测量器具：偏摆仪（图 6-78）、千分表。

图 6-77 阶梯轴

图 6-78 偏摆仪

 知识拓展

一、跳动公差的相关概念

被测要素绕基准轴线回转一周时，由位置固定的指示器在给定方向上测得的最大与最小读数之差。圆跳动公差是被测要素在某一固定参考点绕基准轴线旋转一周（零件和测量仪器件无轴向位移）时，指示器值所允许的最大变动量。圆跳动公差适用于被测要素任一不用的测量位置。符号用"↗"表示。

圆跳动公差的按其被测要素的几何特征和测量方向，可分为四类：径向圆跳动公差、端面圆跳动公差、斜向圆跳动公差、斜向（给角度的）圆跳动公差。

① 径向圆跳动公差带定义：径向圆跳动公差带是在垂直于基准轴线的任一测量平面内，半径为公差值 t，且圆心在基准轴线上的两个同心圆之间的区域。图 6-79 所示为 ϕd 圆柱面绕基准轴线作无轴向移动回转时，在任一测量平面内的径向跳动量均不得大于公差值 0.2mm。

② 端面圆跳动公差带定义：端面圆跳动公差带是在与基准轴线同轴的任一半径位置的测量圆柱面上沿母线方向距离为公差值 t 的两圆之间的区域。图 6-80 所示为当零件绕基准轴线作无轴向移动回转时，在左端面上任一测量直径处的轴向跳动量均不得大于公差值 0.1mm。

③ 斜向圆跳动公差带定义：斜向圆跳动公差带是在与基准轴线同轴，且母线垂直于被测表面的任一测量圆锥上，沿母线方向距离为公差值 t 的两圆之间的区域，除圆柱面和端

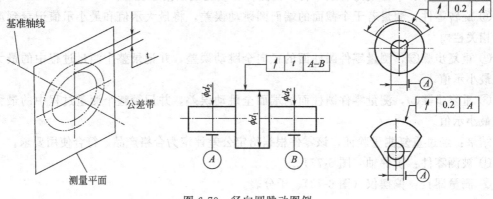

图 6-79　径向圆跳动图例

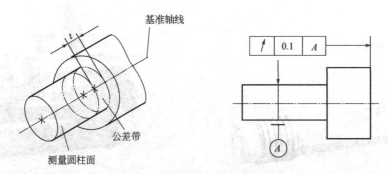

图 6-80　端面圆跳动图例

面要素之外的其他回转要素,如圆锥面、球面等。在图样上标注时,指引线的箭头应从法线方向指向被测表面。

二、全动公差的相关概念

全跳动公差是关联实际被测要素对理想回转面的允许变动量。当理想回转面是以基准要素为轴线的圆柱面时,称为径向全跳动。如图 6-81 所示为 ϕd_1 表面绕基准轴线作无轴向移动的连续回转,同时,指示器作平行于基准轴线的直线移动,在整个圆柱表面上的跳动量不大于公差值 0.2mm;与当理想回转面是与基准轴线垂直的平面时,称为轴向(端面)全跳动。如图 6-82 所示为端面绕基准轴线作无轴向移动的连续回转,同时,指示器作垂直于基准轴线的直线移动,此时,在整个端面上的跳动量不得大于 0.1mm。

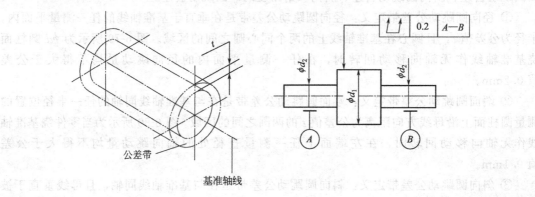

图 6-81　径向全跳动图例

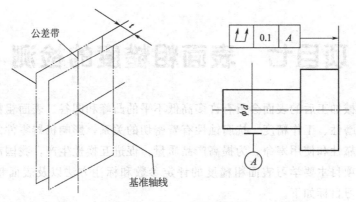

图 6-82 端面全跳动图例

三、圆跳动和全跳动的差别

圆跳动和全跳动的差别：圆跳动是指被测实际表面绕基准轴线作无轴向移动的回转时在指定方向上指示器测得的最大读数差；全跳动是指被测实际表面绕基准轴线无轴向移动的回转同时指示器作平行或垂直于基准轴线的移动在整个过程中指示器测得的最大读数差。

四、偏摆仪

1. 偏摆仪的使用方法

① 拧紧偏心轴把手，将固定顶尖座固定在仪座上。

② 按被测零件长度将活动顶尖座固定在合适的位置。

③ 压下球头手柄，装入零件，用两顶尖顶住零件中心孔。

④ 拧紧紧定把手，将顶尖固定。

⑤ 将支架座移到所需位置后固定它，通过千分表（百分表）即可进行检测工作。

2. 偏摆仪使用操作规程

偏摆仪是精密的检测仪器，操作者必须熟练掌握仪器的操作技能，精心维护保养，并指定专人使用，始终保持设备完好安装时，应保持设备的平衡可靠，导轨面须光滑、无磕碰伤痕，使用时还需注意以下几点：

① 检测工件时，应小心轻放，导轨向上不允许放置任何工具或工件。

② 检测完后，应立即对仪器进行维护保养，导轨及顶尖套应上油防锈，并保持周围环境整洁。

③ 应指定专人于每月底对偏摆仪进行精度实测检查，确保设备完好，并做好实测记录。

项目七　表面粗糙度的检测

　　零件经过机械加工后的表面会留有许多高低不平的凸峰和凹谷。表面粗糙度与机械零件的配合性质、耐磨性、工作精度、抗腐蚀性有着密切的关系，影响机器零件的使用性能，影响机器工作的可靠性和使用寿命。为提高产品质量，促进互换性生产，我国制定了表面粗糙度国家标准。本项目主要学习表面粗糙度的评定参数和标注方法以及表面粗糙度的测量方法。本项目的学习目标如下。

知识目标

① 掌握表面粗糙度的基本概念，了解其对机械零件使用功能的影响。
② 熟悉表面粗糙度评定参数的含义及应用。
③ 掌握表面粗糙度的标注方法和意义。
④ 掌握表面粗糙度的选用方法。

能力目标

① 能运用表面粗糙度对照样板检测零件表面粗糙度。
② 能运用 TR200 表面粗糙度仪检测零件表面粗糙度。

任务一　用表面粗糙度样板检测零件表面粗糙度

任务描述

　　在前面的内容中，已经学习了如何检测下图（前顶尖）的几何尺寸，零件要满足互换性的要求，除了要保证几何尺寸，形位公差，零件的表面质量也是一项很重要的内容。你知道下图中的符号 $\sqrt{}^{Ra1.6}$ 的含义吗？

　　图 7-1 所示为前顶尖的零件图，试检测其表面粗糙度是否合格。

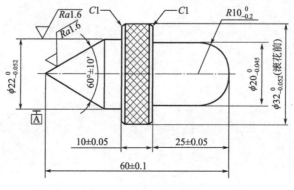

图 7-1　前顶尖的零件图

任务分析

表面粗糙度常用的检测方法有比较法、针触法、光切法、光波干涉法等。这里采用比较法来测量该前顶尖的表面粗糙度。比较法是以表面粗糙度比较样块的工作面上的粗糙度为标准，用视觉法或触觉法与被测表面进行比较，以判定被测表面是否符合规定。用样块进行比较检验时，样块和被测表面的材质、加工方法应尽可能一致。样块比较法简单易行，适合在生产现场使用。

器材准备

① 被测零件见图7-2。

② 测量器具见图7-3。

图7-2 前顶尖

图7-3 表面粗糙度样板

任务实施

一、将零件擦净，根据被测对象选择样板

样板的表面粗糙度特征要与被检测的表面粗糙度特征相同，样板的材质要与被检测零件材质相同，样板表面的加工方法与被检测表面的加工方法相同。

二、将零件与粗糙度样板进行对比，确定零件表面质量是否合格

1. 视觉比较

将被检测表面与粗糙度样板的工作面放在一起，用眼睛反复比较被测表面与比较样板间的加工痕迹异同、反射光线的强弱、色彩的差异，以判定被测表面的粗糙度的大小，必要时可借用放大镜（图7-4）。

图7-4 视觉比较　　　　　　　　图7-5 触觉比较

2. 触觉比较

用手指分别触摸被测表面和比较样板，根据手的感觉判断被测表面与比较样板在峰谷高度和间距上的差别，从而判断被测表面粗糙度的大小（图7-5）。也可以从生产的零件中选择样品，经精密仪器检定后，作为标准样板使用。

三、量具的维护与保养

用完后用棉丝将样块擦净放入盒内保存，要注意防潮，如果长时间不用应涂防锈油，防止样块腐蚀。

四、填写检测报告

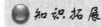知识拓展

一、表面粗糙度的概念

零件在加工过程中，受刀具的形状和刀具与工件之间的摩擦、机床的震动及零件金属表面的塑性变形等因素，表面不可能绝对光滑，零件表面总会存在由较小间距和峰谷组成的微量高低不平的痕迹，表述这些峰谷的高低程度和间距状况的微观几何形状的特性，称为表面粗糙度（图7-6）。

图 7-6　表面粗糙度

表面粗糙度是评定零件表面质量的一项重要的指标，降低零件表面粗糙度值可以提高其表面耐蚀、耐磨和抗疲劳等能力，但其加工成本也相应提高。因此，零件表面粗糙度值的选择原则是在满足零件表面功能的前提下，表面粗糙度允许值尽可能大一些。

二、表面粗糙度的评定参数

国家标准 GB/T 3503—2009 规定表面粗糙度的评定有主参数（高度参数）和附加参数（间距参数和形状参数）。通常只标注高度参数即可，当高度参数不能完全控制表面功能时，可加注相应的附加参数，表面粗糙度的评定参数具体见表7-1所示。

表 7-1　表面粗糙度评定主参数

参数		说明
轮廓高度参数	轮廓算术平均偏差 Ra	指在取样长度内轮廓上各点至轮廓中线距离的算术平均值。Ra 参数能反映表面微观几何形状高度方向的特征，是普遍采用的评定参数，Ra 值越大，表面越粗糙。 $$Ra=\frac{1}{n}(Y_1+Y_2+\cdots+Y_n)$$ Y_1、Y_2、Y_n 分别为轮廓上各点至轮廓中线的距离
	轮廓最大高度 Rz	是指在取样长度内，最大轮廓峰高与最大轮廓谷深之和的高度。Rz 值越大，表面越粗糙。Rz 值不如 Ra 值能准确反映几何特征，Rz 值与 Ra 值连用，可对某些不允许出现较大的加工痕迹的零件表面和小零件表面质量加以控制

三、表面粗糙度的标注方法

国标（GB/T 131—2006）规定了表面粗糙度符号及其在图样上的标注方法，以下做简要介绍。

1. 表面粗糙度符号

表面粗糙度符号及意义见表 7-2。

表 7-2　表面粗糙度符号及意义

符　　号	说　　明
√	基本符号，表示指定表面可用任何方法获得。当不加注表面粗糙度参数值或有关说明时，仅适用于简化代号标注
√	基本符号上加一短横，表示指定表面是用去除材料的方法获得，如车、铣、钻、磨、剪切、抛光等
√	基本符号上加一个圆圈，表示指定表面是用不去除材料的方法获得。如铸、锻、冲压变形、热轧、冷轧、粉末冶金等或是用于保持原供应状况的表面
√ √ √	完整符号，在上述图形符号的长边上加一横线，用于标注有关参数和说明
√ √ √	完整符号上加一圆圈，表示图样上某视图上构成封闭轮廓的各表面有相同的表面结构要求

2. 代号及图形标注

在表面粗糙度符号上注出所要求的表面特征参数后即构成表面粗糙度代号，图样上标注的表面粗糙度代号是表示该表面完成后的要求，如图 7-7 所示。

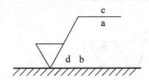

a：表面结构的单一要求
b：与a注写两个或多个表面结构要求
c：加工方法、表面处理。涂层或其他加工工艺要求
表面纹理和纹理方向
d：加工余量(以毫米为单位)

图 7-7　表面粗糙度代号的表示方法

一般情况下，只注出表面粗糙度评定参数代号及允许值，若对零件表面有特殊要求时，则应注出表面特征的其他规定，如取样长度、加工纹理、加工方法等，各种图形标注示例及意义见表 7-3。

3. 表面粗糙度在图样上的标注

① 在图样上标注表面粗糙度时，其代号、数字的大小和方向必须与图中的尺寸数值的大小和方向一致，如图 7-8 所示。

② 在同一图样上，每一表面只标注一次代号，并标注在可见轮廓线、尺寸线、尺寸界线或它们的延长线上，如图 7-9 所示。表面粗糙度的简化标注见表 7-4。

表 7-3　表面粗糙度代号的标注示例及意义

代　　号	意　　义
√ Ra 1.6	用去除材料的方法获得的表面,Ra 上限值为 1.6μm (默认评定长度为 5 个取样长度、16% 规则)
√ U Ra 3.2 L Ra 1.6	用去除材料的方法获得的表面,Ra 上限值为 3.2μm,下限值为 1.6μm (默认评定长度为 5 个取样长度、16% 规则)
√ Rz 3.2	用去除材料的方法获得的表面,Rz 上限值为 3.2μm (默认评定长度为 5 个取样长度、16% 规则)
√ Ra max 1.6	用去除材料的方法获得的表面,Ra 最大值为 1.6μm (默认评定长度为 5 个取样长度、最大规则)
√ −0.8/Ra 1.6	用去除材料的方法获得的表面,Ra 上限值为 1.6μm (取样长度为 0.8μm,默认评定长度为 5 个取样长度)
铣 √⊥ Ra 0.8 Rz 3.2	采用铣削的方法获得的表面,Ra 上限值为 0.8μm (默认评定长度为 5 个取样长度、16% 规则),Rz 的上限值为 3.2μm(默认评定长度为 1 个取样长度, 16% 规则),纹理垂直于视图所在投影面

注：表面结构要求中给定极限值的判断规则有 16% 规则和最大规则两种规则,是所有表面结构要求标注的默认规则。

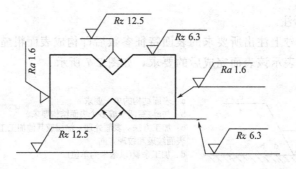

图 7-8　表面粗糙度在轮廓线上的标注

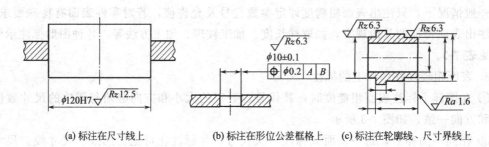

(a) 标注在尺寸线上　　(b) 标注在形位公差框格上　　(c) 标注在轮廓线、尺寸界线上

图 7-9　表面粗糙度标注位置

表 7-4 表面粗糙度的简化标注

分 类	标注示例	含 义
具有相同表面粗糙度要求的简化注法	$\sqrt{Rz\,6.3}$　$\sqrt{Rz\,1.6}$ $\sqrt{Ra\,3.2}$ $(\sqrt{Rz\,1.6}$ $\sqrt{Rz\,6.3})$	零件多数表面(含全部)有相同的粗糙度要求,可统一标注在标题栏附近,并在圆括号内给出不同的表面结构要求,不同的表面结构要求应直接标注在图形中
多个表面有共同要求的注法	$\sqrt{} = \sqrt{Ra\,3.2}$	只用符号以等式形式对有相同表面粗糙度要求的多个表面标注
	$\sqrt{z} = \sqrt{\dfrac{U\,Rz\,0.8}{L\,Ra\,0.2}}$ $\sqrt{y} = \sqrt{Ra\,3.2}$	用带字母的完整符号,以等式的形式在图样或标题栏附近对有相同表面粗糙度要求的表面进行标注

四、表面粗糙度参数值的选用

表面粗糙度参数值的选择应遵循在满足表面功能要求的前提下,尽量选用较大的粗糙度参数值的基本原则,以便简化加工工艺,降低加工成本。表面粗糙度参数值的选择一般采用类比法。具体选择时应考虑下列因素:

① 在同一零件上,工作表面一般比非工作表面的粗糙度参数值要小。

② 摩擦表面比非摩擦表面的粗糙度参数值要小;滚动摩擦表面比滑动摩擦表面的粗糙度参数值要小;运动速度高、压力大的摩擦表面比运动速度低、压力小的摩擦表面的粗糙度参数值要小。

③ 承受循环载荷的表面及易引起应力集中的结构(圆角、沟槽等),其粗糙度参数值要小。

④ 配合精度要求高的结合表面、配合间隙小的配合表面及要求连接可靠且承受重载的过盈配合表面,均应取较小的粗糙度参数值。

⑤ 配合性质相同时,在一般情况下,零件尺寸越小,则粗糙度参数值应越小;在同一精度等级时,小尺寸比大尺寸、轴比孔的粗糙度参数值要小;通常在尺寸公差、表面形状公差小时,粗糙度参数值要小。

⑥ 防腐性、密封性要求越高,粗糙度参数值应越小。

　加油站

表面粗糙度标注方法的变化

表面粗糙度是工程图样和技术文件中的重要内容,GB/T 131—2006《产品几何技术规范(GPS)技术产品文件中表面结构的表示法》等同采用国际标准,于 2007 年 2 月 1 日起代替 GB/T131—1993。目前,表面粗糙度的参数及代号表示方法已有很大的变化。其中,轮廓算术平均偏差这一参数没有变化,仍用符号 Ra 表示。而另一常用的"微观不平度十点高度"参数已经被取消。原来用于表示"微观不平度十点高度"参数的符号"Rz"现在用于表示"轮廓最大高度"。原来表示轮廓最大高度的

符号 "*Ry*" 已被取消。这应该引起注意。如果图样上出现粗糙度符号 "*Rz*"，则有必要弄清其含义。

GB/T 131—2006《产品几何技术规范（GPS）技术产品文件中表面结构的表示法》规定，表面粗糙度的代号标注方法也发生了很大的变化，完全采用国际标准。表面粗糙度参数代号改为标注在粗糙度符号长边横线下面，而且表示"轮廓算术平均偏差"的符号也不能省略（见图 7-10 及图 7-11）。同时，还允许将粗糙度代号标注在尺寸线上和形位公差框的上边。

图 7-10　1993 版旧符号　　　　7-11　2006 版新符号

任务二　用表面粗糙度仪检测零件表面粗糙度

●任务描述

某企业正生产一批气门芯滑杆，气门芯滑杆与机座的表面有较高的接触，为此零件的表面粗糙度要求也较高。为了保证零件的质量，需要在生产现场进行经常性抽测，以防止产品质量无法达到零件设计要求。试测量如图 7-12 所示的气门芯滑杆端面的表面粗糙度值，判断滑杆 $\phi28mm$ 处右端表面粗糙度是否达到图纸要求。

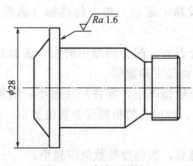

图 7-12　气门芯滑杆

●任务分析

因为气门芯滑杆的表面粗糙度要求比较高，用比较检测法不方便做出判断，应采用适当的仪器进行测量检验。表面粗糙度测量仪器的选择要优先考虑检测精度及生产现场检测的可行性，由于本案例中表面粗糙度要求值为 $1.6\mu m$，产品又要求在生产现场进行经常性检测。为了方便现场检测，选择便携式表面粗糙度仪进行检测。本案例以时代 TR200 便携式表面粗糙度仪为例予以说明。

测量器具见图 7-13。

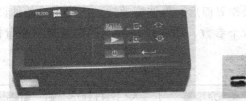

图 7-13　TR200 便携式表面粗糙度仪及测量头

任务实施

一、测量前

① 擦净工件被测量表面，将工件倒放在测量平板上。

② 打开表面粗糙度仪，检查电源电压是否正常，如果需要将测量值即时打印，也可将测量仪与微型打印机接好。

③ 如有需要，可用随机标准样板校准表面粗糙度仪。

二、测量中

（1）放置仪器

将仪器正确、平稳、可靠地放置在被测工件表面上。目测测量头的测量位置是否水平，如图 7-14 所示的便携式表面粗糙度仪测量头放置示意图，其中打×放置方法为错误，中间两位置摆放正确，传感器的滑行轨迹必须垂直于工件被测量表面的加工纹理方向。

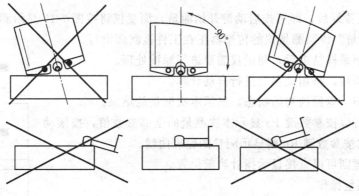

图 7-14　表面粗糙度仪测量头放置示意图

（2）进入界面

按操作面板上"回车键"，进入触针位置的界面，调整支承架的高度使移动箭头指向"0"，如图 7-15 所示。

（3）设置测量条件

图 7-15　测量头调整示意图

如图 7-16 所示，按菜单键进入菜单操作界面后，再按滚动键，选取测量条件设置功能，按回车键进入测量条件状态，依次修改六个参数，即取样长度、评定长度、测量标准、量程、滤波器、参数，分别将它们设置如下：

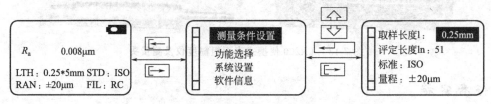

图 7-16　测量条件设置状态图

① 取样长度＝0.8　本案例 Ra＝1.6μm。

② 评定长度＝5L　菜单中有 1L、2L、3L、4L、5L 五类。

③ 测量标准＝ISO　菜单中有 ISO、DIN、JIS、ANSI 四类。

④ 量程＝±40μm　菜单中有 ±20μm、±40μm、±80μm、自动四类。

⑤ 滤波器＝RC　菜单中有 RC、PC、Gauss、D、P 五类。

⑥ 参数＝Ra　本案例中只要检测 Ra 值即可，菜单中有 Ra、Rz、Ry、Rq 四类。

（4）其他设置

按菜单键进入菜单操作界面后，再按滚动键，即可选取系统设置，打印设置等功能，按回车键进入设置状态，此处不做详细说明。

（5）测量

相关参数设置好后，即可按启动键开始测量，测量仪将按图 7-17 显示测量数据。

① "正在测量"说明测量仪的传感器正在工件被测面滑行。

② 工作表面采样结束后，测量仪需要进行滤波处理。

③ 测量完毕后，将相关参数进行自动计算。

④ 测量完毕，返回到初始状态，显示本次测量的结果。

⑤ 操作者可以按参数键 Ra 显示本次测量的全部参数值，按滚动键翻页，第二次按参数键 Ra 则显示测量的轮廓曲线。

⑥ 按回车键则可以直接显示指针当前位置。

（6）重复测量操作

反复测量 5 次，收集数据。

（7）数据处理

填写实习报告

三、测量后

① 将传感器卸下来，放到盒子中，传感器是仪器的精密部件，应精心维护。

图 7-17　流量流程示意图

② 将表面粗糙度仪放回专用的盒子中，避免将仪器放置于碰撞、剧烈震动、重尘、潮湿、油污、强磁场等场所。

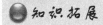　知识拓展

一、TR200 表面粗糙度仪的结构

便携式表面粗糙度仪因其携带方便、操作简单、测量精度高，因而生产现场表面粗糙度

测量中得到越来越广泛的使用，其主体结构如图 7-18 及图 7-19 所示。

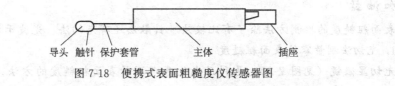

导头 触针 保护套管　　　　主体　　　　　插座

图 7-18 便携式表面粗糙度仪传感器图

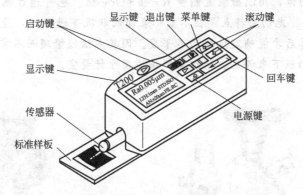

图 7-19 便携式表面粗糙度仪操作面板正面结构图

二、便携式表面粗糙度仪工作原理

测量工件表面粗糙度时，将传感器放在工件被测表面上，由仪器内部的驱动机构带动传感器沿被测表面做等速滑行，传感器通过内置的锐利触针感受被测表面的表面粗糙度，此时工件被测表面的粗糙度引起触针产生位移，该位移使传感器电感线圈的电感量发生变化，从而在相敏整流器的输出端产生与被测表面粗糙度成比例的模拟信号，该信号经过放大及电平转换之后进入数据采集系统，DSP 芯片将采集的数据进行数据滤波和参数计算，测量结果在液晶显示器上读出，也可以在打印机上输出，还可以与 PC 进行通信。

三、便携式表面粗糙度仪的维护与保养

① 避免将仪器放置于碰撞、剧烈震动、重尘、潮湿、油污、强磁场等场所。

② 传感器是仪器的精密部件，应精心维护，每次使用完毕，要将传感器放盒中。

③ 随机标准样板应精心保护，以免划伤后造成校准仪器失准。

四、取样长度与评定长度的使用

① 取样长度（L） 取样长度是指用于判别具有表面粗糙度特征的一段基准线长度。标准规定取样长度按表面粗糙程度选取相应的数值，在取样长度范围内，一般不少于 5 个以上的轮廓峰和轮廓谷。

② 评定长度（L_n） 评定长度是指在评定表面粗糙度时所必需的一段长度，它可以包括一个或几个取样长度。一般情况下，按标准推荐评定长度是取样长度的 5 倍，见表 7-5。

表 7-5　取样长度与评定长度的选用值

$Ra/\mu m$	$Rz/\mu m$	L/mm	L_n/mm
≥0.008~0.02	≥0.025~0.10	0.08	0.4
>0.02~0.10	>0.10~0.50	0.25	1.25
>0.10~2.0	>0.50~10.0	0.8	4.0
>2.0~10.0	>10.0~50.0	2.5	12.5
>10.0~80	>50.0~320	8.0	40.0

加油站

表面粗糙度的检测方法除了有比较法、针触法还有光切法、光波干涉法等。

1. 光切法测量零件表面粗糙度

光切显微镜（见图7-20）是利用光切原理测量表面粗糙度的方法。从目镜观察表面粗糙度轮廓图像，用测微装置测量Rx值和Ry值。也可通过测量描绘出轮廓图像，再计算Ra值。光切法特点是在不破坏表面的状况下进行的，是一种间接测量方法。即要经过计算后才能确定纹痕的不平度。因其方法较繁琐而不常用。必要时可将粗糙度轮廓图像拍照下来评定。光切显微镜适用于计量室。

图7-20　光切显微镜　　　　　　　　　图7-21　干涉显微镜

2. 光波干涉法测量零件表面粗糙度

干涉显微镜（见图7-21）是利用光波干涉原理，以光波波长为基准来测量表面粗糙度的。被测表面有一定的粗糙度就呈现出凸凹不平的峰谷状干涉条纹，通过目镜观察、利用测微装置测量这些干涉条纹的数目和峰谷的弯曲程度，即可计算出表面粗糙度的Ra值。必要时还可将干涉条纹的峰谷拍照下来评定。干涉法适用于精密加工的表面粗糙度测量。适合在计量室使用。

学 后 测 评

一、判断题

1. 评定表面粗糙度所必需的一段长度称取样长度，它可以包含几个评定长度。（　　）

2. 受交变载荷的零件，其表面粗糙度值应小。（　　）

3. 零件的尺寸精度越高，通常表面粗糙度参数值相应取得越小。（　　）

4. 选择表面粗糙度评定参数值越小就越好。（　　）

5. Rz参数对某些表面上不允许出现较深的加工痕迹和小零件的表面质量有实用意义。（　　）

6. 摩擦表面应比非摩擦表面的表面粗糙度数值小。（　　）

7. 要求配合精度高的零件，其表面粗糙度数值应大。（　　）

8. Rz 参数由于测量点不多，因此在反映微观几何形状高度方面的特性不如 Ra 参数充分。

二、简答题

1. 什么是表面粗糙度？表面粗糙度对零件的使用性能有什么影响？

2. 为什么在评定表面粗糙度的两个高度参数中，标准规定优先选用 Ra 参数？

3. 试说明最大规则和16％规则在意义和标注上的区别。

4. 检测表面粗糙度参数有哪两种方法？各用于什么场合？

5. 请简述用 TR200 表面粗糙度仪测量零件表面粗糙度的主要步骤，并说说与比较法相比有哪些优缺点。

三、作图题

试将下列的表面粗糙度轮廓技术要求标注在图 7-22 所示的机械加工的零件图样上。

1. 两 ϕd_1 圆柱面的表面粗糙度轮廓参数 Ra 的上限值为 $1.6\mu m$，下限值为 $0.8\mu m$。

2. ϕd_2 轴肩面的表面粗糙度轮廓参数 Rz 的最大值为 $12.5\mu m$。

3. ϕd_2 圆柱面的表面粗糙度轮廓参数 Ra 的最大值为 $3.2\mu m$，最小值为 $1.6\mu m$。

4. 宽度为 b 的键槽两侧面的表面粗糙度轮廓参数 Ra 的上限值为 $3.2\mu m$。

5. 其余表面的表面粗糙度轮廓参数 Ra 的最大值为 $12.5\mu m$。

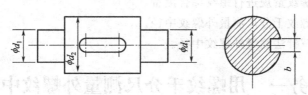

图 7-22　零件图样

项目八　螺纹几何参数的检测

螺纹结合在机械制造和仪器制造中应用广泛。它是由相互结合的内、外螺纹组成，通过相互旋合及牙侧面的接触作用来实现零部件间的连接、紧固和相对位移等功能。螺纹的质量对机器的性能有着重要的影响。对于普通螺纹，国家颁布了 GB/T197—2003《普通螺纹公差》标准。本项目主要学习螺纹的主要参数、测量项目与方法。本项目的学习目标如下：

知识目标

① 理解零件图上普通三角螺纹的标记。
② 熟练说出螺纹各参数的含义，并能进行相关的计算。
③ 熟悉螺纹千分尺的用法及保养方法。

能力目标

① 会根据普通螺纹极限偏差表查表确定三角螺纹的中径公差。
② 能正确使用螺纹量规进行螺纹综合测量。
③ 能正确使用螺纹千分尺测量外螺纹中径。
④ 能正确运用三针法测量外螺纹中径。

任务一　用螺纹千分尺测量外螺纹中径

任务描述

你在日常生活中或实习生产中都见到过哪些类型的螺纹零件？如图 8-1 所示为一阶梯螺纹轴，你了解 M24×1.5-6g 的含义吗？本工序主要是检测普通三角形螺纹 M24×1.5-6g 的中径尺寸，试选用合适的量具进行检测。

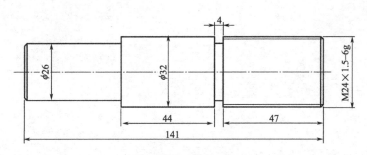

图 8-1　螺纹轴

任务分析

此轴类零件右端为一普通三角形螺纹，其标注为 M24×1.5-6g，表示其公称直径为 24mm，螺距为 1.5mm，中径和顶径的公差带代号为 6g。由于此外螺纹要与内螺纹配合，因而其尺寸要进行检测并控制。螺纹检测时，除要检测大径和螺距外，主要检测螺纹的中径，那么此三角形螺纹的中径尺寸应该在怎样一个范围内才是合格的呢？

首先，根据普通三角形螺纹的基本尺寸计算表中径的计算公式 $D_2 = d_2 = d - 0.6495P$ 计算出中径的基本尺寸为 "23.025"mm；其次，根据公差带代号 6g 及螺距 1.5，查三角形普通螺纹偏差表（见附表 3）可得中径的上极限偏差为 "－0.032"mm，下极限偏差为 "－0.182"mm。即中径最大极限尺寸为 22.993mm，最小极限尺寸为 22.843mm。实际检测尺寸在此范围内即为合格，否则为不合格。

任务实施

一、选择测量器具

螺纹千分尺有 0～25mm 至 325～350mm 等数种规格，并根据螺距的大小，成对配备测头供检测选用。此螺纹公称直径为 24mm，中径的基本尺寸为 23.025mm，故选择 0～25mm 的螺纹千分尺，并根据螺距 1.5mm 来选择对应的一对测头。

二、测量方法与步骤

① 根据被测螺纹的公称直径，选择合适的螺纹千分尺，再根据其螺距，选择一对合适的测头，擦干净后将 V 形测量头插入架砧的孔内，将圆锥形测量头插入主测量杆孔内。

② 用千分尺随带的标准棒校对零位，若零位有微小误差时，记下误差值（零件的实际测量数据应减去该误差值）。

③ 擦干净被测螺纹，并放入两测量头之间，找正中径部位，千分尺两测量头中心连线与被测量螺纹的轴线垂直，不得倾斜。如图 8-2 所示为螺纹千分尺测量中径示意图。

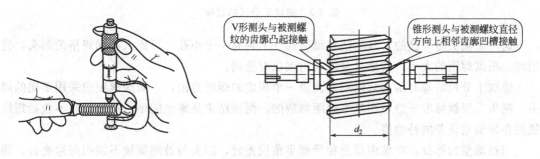

图 8-2 螺纹千分尺测量中径示意图

④ 转动测力装置，使测量砧表面保持适当的测量压力，听到"嘎嘎嘎"的声音时表示压力合适，可开始读数，每个读数必须估算到测量精度后一位，即微米级精度。

⑤ 在零件轴向和周向分别取 5 个测量点，读取不同测量位置的尺寸，并做好记录。

⑥ 测量结束后将千分尺擦拭干净，拆下测量头，千分尺回归零位，按规定放入千分尺盒内。

小提示：每更换一次测头之后，必须要校准零位。

三、测量数据处理

将上述 5 次测量结果填入表 8-1 三角形螺纹中径测量数据表，并进行平均值计算，最后做螺纹中径的合格性判断。

表 8-1 三角形螺纹中径测量数据

测量次数	1	2	3	4	5	平均值
测量值/mm	23.816	23.818	23.901	23.808	23.819	23.832

结论：平均尺寸为"23.832"，符合螺纹中径的尺寸精度要求，产品合格。

四、量具的维护与保养

用完后把测头取下来按要求放到量具盒中，用棉丝将螺纹千分尺擦净放入盒内保存，要注意防潮，如果长时间不用应涂防锈油，防止量具生锈。

五、填写检测报告

🔵 *知识拓展*

一、螺纹千分尺的结构

螺纹千分尺是用来测量外螺纹中径的量具。螺纹千分尺的结构、刻线原理和读数方法与普通千分尺相似，只是把普通千分尺的一对测头换成专用于测量螺纹的测头（测头一端呈 V 形，另一端呈圆锥形），如图 8-3 所示。

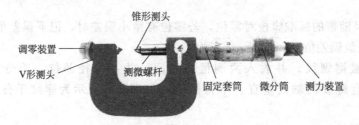

调零装置　锥形测头　测微螺杆　V形测头　固定套筒　微分筒　测力装置

图 8-3　螺纹千分尺的结构

这两个测头是可换的，其测砧和测微螺杆上各有一个小孔，可插入不同规格的测头，使用时，根据螺距的大小，按量具盒内的附表成对选用。

螺纹千分尺的每对测头只能用来测量一个规定的螺距范围，不同的螺距应采用不同的测头。测头是根据标准牙型角和基本螺距制造的，测量结果是螺纹的单一中径，它不包括螺纹螺距和牙型角误差的补偿值。

当被测量的螺纹存在螺距误差和牙型半角误差时，测头与被测螺纹不能很好地吻合，测出的单一中径数值误差较大，一般在 0.05～0.2mm。因此，螺纹千分尺只能用于低精度螺纹或工序间的测量。

二、普通螺纹基础知识

1. 普通螺纹的标记

完整的螺纹标记由螺纹特征代号、公称直径、螺距、旋向、螺纹公差带代号和旋合长度代号组成。各代号之间用短线隔开，其中螺纹公差带代号包括中径公差带代号与顶径（指外螺纹的大径或内螺纹的小径）公差带代号。旋合长度代号有 S、N、L 三个，分别表示短旋合长度、中等旋合长度和长旋合长度，具体结构如图 8-4 所示，标记示例见表 8-2。

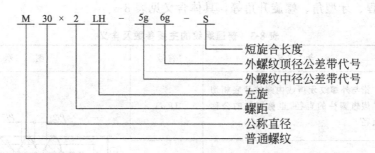

图 8-4 螺纹标记示意图

表 8-2 螺纹标记示例

标 记	含 义
M20×2LH-7g6g-L	普通螺纹,公称直径 20mm,细牙螺距为 2mm,左旋;外螺纹,中径公差带代号为 7g,顶径(大径 d)公差带代号为 6g;长旋合长度
M10-7H	普通螺纹,公称直径为 10mm,粗牙查表可得螺距为 1.5mm,右旋;内螺纹,中径和顶径(小径 D_1)公差带代号均为 7H;中等旋合长度
M10×1-6H-30	普通螺纹,公称直径为 10mm,细牙螺距为 1mm,右旋;中径和顶径(小径 D_1)公差带代号均为 6H;旋合长度为 30mm
M20×2-6H/6g	内、外螺纹的配合在图样上标注时,"/"左边表示内螺纹的公差带代号,右边表示外螺纹的公差带代号

小提示:普通螺纹分粗牙普通螺纹和细牙普通螺纹,未标螺距的为粗牙普通螺纹。

2. 普通螺纹的主要参数

三角形螺纹按规格和用途的不同,分为普通螺纹、英制螺纹和管螺纹三类,普通螺纹是我国应用最为广泛的一种三角形螺纹,牙型角为 60°,一般用于连接。按照 GB 292—81 规定,普通三角形螺纹的牙形图如图 8-5 所示。螺纹的主要参数有大径、中径、单一中径、小

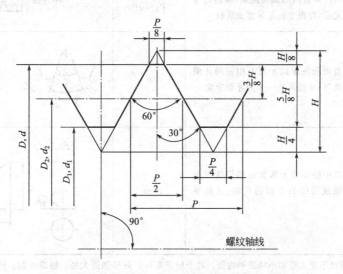

图 8-5 普通三角形螺纹的牙形图

径、螺距、导程、牙型角、螺旋升角等，具体含义见表8-3。

表 8-3　普通螺纹的主要参数及含义

主要参数	含　义	符号	图　示
大径	指与外螺纹牙顶或内螺纹牙底相切的假想圆柱的直径，也称螺纹的公称直径	$D(d)$	
中径	指在螺纹牙型上沟槽与凸起宽度相等处假想的圆柱直径。圆柱的母线通过牙型上沟槽宽度等于基本螺距一半（$P/2$）	$D_2(d_2)$	
小径	指与外螺纹牙底或内螺纹牙顶相切的假想圆柱的直径	$D_1(d_1)$	
单一中径	圆柱的母线通过牙型上沟槽宽度等于基本螺距一半（$P/2$）的假想的圆柱直径，当螺距无误差时，中径就是单一中径；当螺距有误差时，则两者不相等。通常当作实际中径	D_{2a}, d_{2a}	
螺距	指相邻两牙在中径线上对应两点间的轴向距离	P	
线数	指螺纹零件的螺旋线数目	n	
导程	指同一条螺旋线上相邻两牙在中径线上对应两点间的轴向距离，螺距与导程的关系：导程二螺距×螺旋线数	P_h $P_h = nP$	
牙型角、牙型半角、牙侧角	牙型角指在螺纹牙型上相邻两牙侧间的夹角；牙型角的一半为牙型半角	α	
螺旋升角	指在中径圆柱上螺旋线的切线与垂直于螺纹轴线的平面的夹角，又称导程角	r	

注：普通螺纹的中径不是大径和小径的平均值。对于标准螺纹，只要知道大径、螺旋线数、螺距和牙型角，其他参数都可以通过查表或计算得出。

3. 普通三角形螺纹尺寸计算有关数据

普通三角形螺纹基本尺寸计算见表 8-4。

表 8-4　普通三角形螺纹的基本尺寸计算

名称及代号	计算公式	名称及代号	计算公式
牙型角	$60°$	大径 D、d	$D=d=$公称直径
原始三角形高度	$H=0.866P$	中径 D_2、d_2	$D_2=d_2=d-0.6495P$
牙型高度	$h=0.5413P$	小径 D_1、d_1	$D_1=d_1=d-1.0825P$

 加油站

普通螺纹的综合检验

同时检验螺纹的几个参数称为综合检验。在实际生产中，主要用螺纹极限量规（图 8-6）检验螺纹零件的极限轮廓和极限尺寸，以保证螺纹的互换性。在成批大量生产中均采用综合检验。

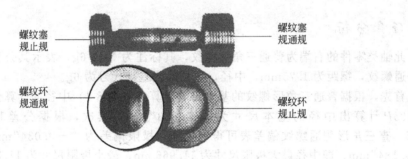

图 8-6　螺纹极限量规

螺纹极限量规与光滑极限量规一样，分为工作量规、验收量规和校正量规三种。普通螺纹工作量规的类型和作用见表 8-5。

表 8-5　普通螺纹工作量规的类型和作用

螺纹类型	量规名称	作　用	使用方法
外螺纹	螺纹环规	通规(T) 检查螺纹作用中径和小径不大于中径最大极限尺寸	旋入通过
		止规(Z) 检查螺纹单一中径不小于中径最大极限尺寸	允许旋入一部分
内螺纹	螺纹塞规	通规(T) 检查螺纹作用中径和大径不小于中径最小极限尺寸	旋入通过
		止规(Z) 检查螺纹单一中径不大于中径最大极限尺寸	允许旋入一部分

任务二　用三针法测量外螺纹中径

任务描述

如图 8-7 所示为一阶梯轴类零件，本工序主要是检测普通三角形螺纹 M12-6g 的尺寸。试选用三针法进行螺纹中径的检测。

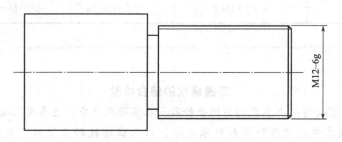

图 8-7　三针法测三角形螺纹中径阶梯轴

任务分析

此轴类零件的右端为普通三角形螺纹，其标注为 M12-6g，表示其公称直径为 12mm 粗牙普通螺纹，螺距为 1.75mm，中径，顶径的公差带代号为 6g。

首先，根据普通三角形螺纹的基本尺寸计算表（表 8-4）中径的计算公式 $D_2 = d_2 = d - 0.6495P$ 计算出中径的基本尺寸为 "10.863"mm；其次，根据公差带代号 6g 及螺距 1.75，查三角形普通螺纹偏差表可得中径的上极限偏差为 "−0.034"mm，下极限偏差为 "−0.184"mm。即中径最大极限尺寸为 11.966mm，最小极限尺寸为 11.816mm。实际检测尺寸在此范围内即为合格，否则为不合格。

三针测量法是检验螺纹中径最常用且最准确的方法，如图 8-8 所示，测量时，将三根直径相同的精密量针分别放在被测螺纹的沟槽中，然后用量仪如千分尺、万能测长仪等测出针距 M。

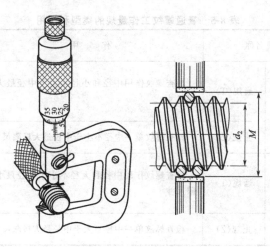

图 8-8　三针测量法

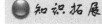 **任务实施**

一、选择测量器具

1. 量针选择

对于普通三角螺纹螺纹，螺纹 P 值对应的量针直径已经标准化，根据螺距 $P=1.75$mm，查表 8-7 可得标准量针直径为 1.008mm。

2. 千分尺选择

外螺纹中径 d_2：

$$d_2 = M - d_0\left(1 + \frac{1}{\sin\frac{\alpha}{2}}\right) + \frac{P}{2}\cot\frac{\alpha}{2}$$

普通螺纹（$\alpha=60°$）：

$$d_2 = M - 3d_0 + 0.866P$$

$M=12.371$mm，选取精度为 0.01mm 的 0~25mm 的外径千分尺进行检测。

二、测量方法与步骤

① 按标准选用千分尺，并将千分尺夹持在固定砧座上。

② 按标准选用量针，并按规定悬挂在附加支臂上。

③ 擦净量具和被测螺纹，校正千分尺的零位。

④ 将三个量针放入螺纹牙槽中，旋转千分尺的微分筒，使两端测头与三个量针接触，读出尺寸 M 的值。每个读数必须估算到测量精度后一位，即微米级精度。

⑤ 在螺纹的轴向和周向分别取 5 个测量点，读取不同测量位置的尺寸，并做好记录。

⑥ 按公式 $d_2 = M - 3d_0 + 0.866P$ 计算出实际中径值，根据中径的极限尺寸判断被测螺纹中径是否合格。

三、测量数据处理

将上述 5 次测量结果填入螺纹中径测量数据表（见表 8-6）中，并进行平均值计算，最后做螺纹中径的合格性判断。

表 8-6 螺纹中径测量数据

测量次数	1	2	3	4	5	平均
测量值 M/mm	12.379	12.373	12.372	12.374	12.371	12.362
中径值 d_2/mm	$d_2 = M - 3d_0 + 0.866P = 10.853$					

结论：实测中径尺寸为 10.853mm，不符合螺纹中径的尺寸精度要求（最大极限尺寸为 11.966mm，最小极限尺寸为 11.816mm），产品不合格。

四、量具的维护与保养

测量结束，取下量针和千分尺，擦拭干净，按规定将量针、千分尺分别放入盒内。要注意防潮，如果长时间不用应涂防锈油，防止量具生锈。

五、填写检测报告

知识拓展

一、认识三针测量法

三针测量法（也称三线测量法）是测量外螺纹中径比较精密的间接测量方法，使用时应根据被测螺纹的精度选择相应的量针精度。

二、三针测量法原理

三针是三根直径相同、精度等级相同的量针，如图 8-9 所示。

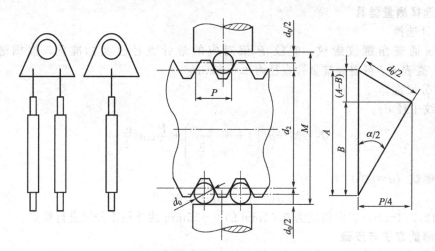

图 8-9　三针测量法示意图

三针的精度分为两个等级，即 0 级与 1 级。

0 级：主要用来测量螺纹中径公差为 4～8mm 的螺纹工件。

1 级：用来测量螺纹中径公差大于 0.008mm 的螺纹工件。

测量时先将三根直径相同的量针分别放入相应的螺纹沟槽内；再用接触式测量仪或测微量具（如千分尺等）测出三根量针外母线之间的跨距 M，根据已知的螺距 P、牙型半角 $\alpha/2$ 及量针直径 d_0 的数值，计算出中径。对于公制普通螺纹，$d_2 = M - 3d_0 + 0.866P$。

为了消除牙型半角误差对测量结果的影响，选择合适的量针直径，使量针在中径线上与牙侧接触，如图 8-10 所示。

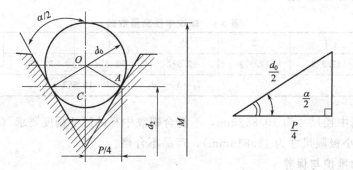

图 8-10　最佳量针直径示意图

由图 8-10 可得

$$d_{0(最佳)} = \frac{P}{2\cos\dfrac{\alpha}{2}}$$

对于普通螺纹，$\alpha = 60°$

$$d_{0(最佳)} = \frac{P}{\sqrt{3}} = 0.577P$$

工具专业标准已将量针尺寸标准化，对应不同的螺距，相应的标准量针尺寸 d_0 和值可由表 8-7 查得。

表 8-7 普通螺纹标准量针直径 d_0 值

螺距 P	标准量针直径 d_0	螺距 P	标准量针直径 d_0
0.2	0.118	1	0.572
0.25	0.142	1.25	0.724
0.3	0.172	1.5	0.866
0.35	0.201	1.75	1.008
0.4	0.232	2	1.577
0.45	0.260	2.5	1.441
0.5	0.291	3	1.732
0.6	0.343	3.5	2.020
0.7	0.402	4	2.311
0.75	0.433	4.5	2.595
0.8	0.461	5	2.886

加油站

用工具显微镜测量螺纹中径、牙型半角、螺距

① 将工件安装在工具显微镜（图 8-11）

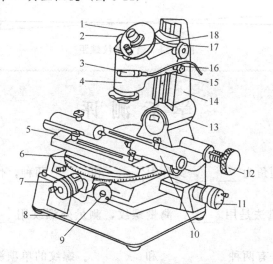

图 8-11 大型工具显微镜的结构

1—目镜；2—旋转米字线手轮；3—角度读数目镜光源；4—光学放大镜组；5—顶尖座；

6—圆工作台；7—横向千分尺；8—底座；9—圆工作台转动手轮；10—顶尖；

11—纵向千分尺；12—立柱倾斜手轮；13—连接座；14—立柱；15—立臂；

16—锁紧螺钉；17—升降手轮；18—角度目镜

② 两顶尖之间，同时检查工作台圆周刻度是否对准零位。

③ 接通电源，调节光源及光阑，直到螺纹影像清晰。

④ 旋转手轮，按被测螺纹的螺旋升角调整立柱的倾斜度。

⑤ 调整目镜上的调节环使米字线、分值刻线清晰，调节仪器的焦距，使被测轮廓影像清晰。

⑥ 测量螺纹各参数（图 8-12～图 8-14）。

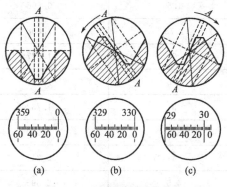

图 8-12　测量螺纹牙型半角

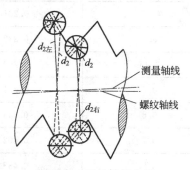

图 8-13　测量螺纹中经

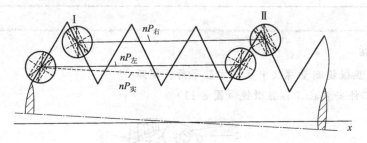

图 8-14　测量螺纹螺距

学 后 测 评

一、填空题

1. 普通螺纹：牙型角为_____，又分为_____和_____两种，代号为 M，主要用于连接和紧固。

2. 螺纹的综合测量法是用_____测量螺纹，测量外螺纹用_____；测量内螺纹用_____。

3. 测量的螺纹方法有两种_____和_____。螺纹的单项测量法包括用螺纹千分尺测量_____；使用三针法测量外螺纹中径；使用工具显微镜测量_____、_____、_____等。

二、简答题

1. 普通螺纹的公称直径是指哪一个直径？内、外螺纹的顶径分别为哪一个直径？

2. 试说明什么是螺距？什么是导程？二者之间存在什么关系？

3. 简述用螺纹的工作量规检验内、外螺纹及判断其合格性的过程。

4. 用三针法测量外螺纹的单一中径时，量针直径该如何选择？

5. 用三针法测量连杆螺钉 M14X1-6h 的中径尺寸，试确定其最佳量针的直径。采用此最佳量针测得外跨距 $M=14.16$mm，若不计螺距误差和牙侧角误差的影响，试确定该螺钉的中径是否符合要求。

6. 解释下列螺纹标记的含义

（1）M24X2-5H6H-L　　　　（2）M24X2-7H

（3）M20-7g6g-40-LH　　　　（4）M30-6H/6g

项目九 直齿圆柱齿轮的检测

齿轮的用途很广，是各种机械设备中的重要零件，如机床、飞机、轮船及日常生活中用的手表、电扇等都要使用各种齿轮。齿轮的种类很多，有圆柱直齿轮、圆柱斜齿轮、螺旋齿轮、直齿伞齿轮、螺旋伞齿轮、蜗轮等。其中使用较多，亦较简单的是圆柱直齿轮，又称标准圆柱齿轮。现在让我们以直齿圆柱齿轮为代表，进入齿轮相关内容的学习。本项目主要学习齿轮的主要参数、测量项目与方法，学习目标如下。

知识目标

① 查阅资料，能够书写出所测直齿圆柱齿轮所包含的参数名称及计算相关参数。
② 了解所检测齿轮的各尺寸精度要求、相关形位公差及参数的含义。
③ 掌握齿轮参数检测设备的使用方法。

能力目标

① 能正确测量标准直齿圆柱齿轮的齿顶圆直径、齿轮厚度、齿轮内孔直径。
② 能正确测量标准直齿圆柱齿轮的齿厚偏差。
③ 能正确测量标准直齿圆柱齿轮的公法线长度偏差。
④ 能正确测量标准直齿圆柱齿轮的齿圈径向跳动。

任务 直齿圆柱齿轮参数的检测

任务描述

校办工厂承接了 200 件直齿圆柱齿轮制作定单（如图 9-1 所示），现已完成切削加工，送到检测组，要求按照工艺图样要求进行测量齿轮各评定指标，综合评价齿轮的质量。

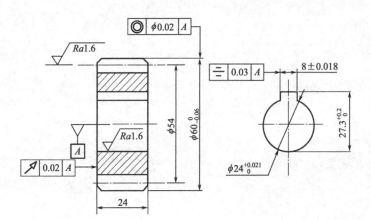

模数 m	3
齿数 Z	18
啮合角 α	20°
齿顶高系数 h_a^*	1.0
精度等级B-7-7GK	GB 10095—88
齿圈径向跳动公差 F_r	0.063
公法线长度变动 F_w	0.04
基圆齿距极限偏差 f_{pb}	±0.013
齿厚及其偏差 S_{Esi}^{Ess}	$3.93_{-0.168}^{-0.084}$

其余：$\sqrt{Ra3.2}$

图 9-1 直齿圆柱齿轮简图

任务分析

该圆柱齿轮的模数为3，齿数是18，啮合角是20°，齿顶高系数是1，精度等级是8-7-7GKGB10095-88，重点检测的参数是齿轮齿厚偏差、公法线变动量、基圆齿距偏差、齿圈径向跳动误差。根据齿轮几何参数选择合适的测量仪器、了解各测量仪器的结构和测量原理，认识其主要部件及其作用，按仪器的测量方法进行齿轮各几何参数的测量，分析测量结果，将测量值与其公差或极限偏差值进行比较，判断其合格性。

任务实施

一、测量器具准备

见图9-2。

(a) 公法线千分尺　　　　　　　(b) 齿厚游标卡尺　　　　　　　(c) 径向跳动检查仪

(d) 齿轮周节检查仪　　　　　　　　　(e) 齿轮基节检查仪

图9-2　测量器具

二、用齿厚游标卡尺测量齿轮齿厚偏差

1. 测量仪器

见图9-3。

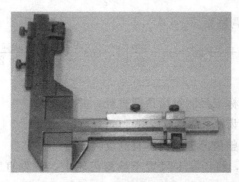

图9-3　齿厚游标卡

目前，常用的齿厚游标卡尺的游标分度值为 0.02mm，其原理及读数方法与普通游标卡尺相同。齿厚游标卡尺的测量模数范围是 1～16mm，1～25mm，5～32mm，10～50mm。

2. 测量原理

由于分度圆弧齿厚不易测量，一般采用测分度圆弦齿厚代替分度圆弧齿厚。高度卡尺用于控制测量部位（分度圆至齿顶圆）的弦齿高 h_f，宽度卡尺用于测量所测部位（分度圆）的弦齿厚 S（实际）。测量时先将高度卡尺调节为弦齿高，然后紧固，再将高度卡尺顶端接触齿轮顶面，移动宽度卡尺至两量爪与齿侧面接触为止，这时宽度卡尺上的读数即为弦齿厚，如图 9-4 所示。

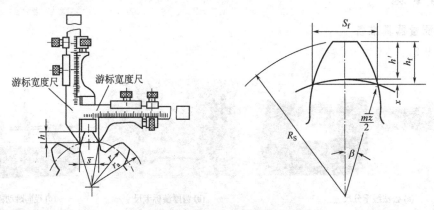

图 9-4　齿厚游标卡尺测量齿厚偏差

当齿顶圆直径为公称值时，直齿圆柱齿轮分度圆处的弦齿高 h_f 和弦齿厚 S_f 可按下式计算：

$$h_f = h' + x = m + \frac{zm}{2}\left(1 - \cos\frac{90°}{z}\right)$$

$$S_f = zm\sin\frac{90°}{z}$$

式中　m——齿轮模数，mm；

　　　z——齿轮齿数。

若齿顶圆直径有误差时，测量结果受齿顶圆偏差的影响。为了消除齿顶圆偏差的影响，调整高度卡尺时，应在公称弦齿高中加上齿顶圆半径的实际偏差：

$$\Delta R = \frac{d_{a实际} - d_a}{2}$$

即高度卡尺应按下式调整：

$$h_f = h' + x + \Delta R = m + \frac{zm}{2}\left(1 - \cos\frac{90°}{z}\right) + \frac{(d_{a实际} - d_a)}{2}$$

3. 测量步骤

① 用外径千分尺或游标卡尺测量齿顶圆直径，并记录。

② 计算分度圆实际弦齿高。

③ 按实际弦齿高值调整齿厚卡尺的垂直高度尺。

④ 按图 9-4 所示方式，将齿厚卡尺置于被测齿轮上，使垂直游标尺的定位尺和齿顶接触，然后移动水平游标尺的卡脚，使卡脚紧靠齿廓，从水平游标尺上读出实际弦齿厚。

　　⑤ 沿齿轮外圆，重复步骤④，均匀测量 6～8 点，记录数据。

　　⑥ 将所测的分度圆实际弦齿厚减去其公称弦齿厚得出齿厚偏差 ΔE_s，如果齿厚偏差在齿厚上、下偏差之间，则判定齿厚合格，否则，判断其不合格。

三、用公法线千分尺测量公法线变动量

1. 测量仪器

　　公法线千分尺与普通外径千分尺的结构和读数方法基本相同，不同之处在于公法线千分尺的量砧制成蝶形，便于测量时测量面能与被测齿面相接触。公法线千分尺的分度值为 0.01mm，测量范围根据被测齿轮的参数进行选择（图 9-5）。

图 9-5　公法线千分尺

2. 测量原理

　　使用公法线千分尺测量渐开线公法线长度的测量方法如图 9-6 所示。测量时要求量具的两平行测量面与被测齿轮的异侧齿面在分度圆附近相切（因为这个部位的齿廓曲线一般比较正确）。

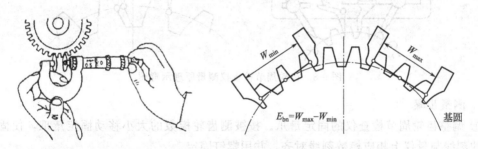

图 9-6　用公法线千分尺测量公法线长度

3. 测量步骤

　　① 根据被测齿轮参数，计算（或查表）公法线公称值和跨齿数。

　　② 根据公法线公称长度选取适当规格的公法线千分尺并校对尺零位值。

　　③ 根据选定的跨齿数 k，依次测量齿轮公法线长度值（测量全齿圈），记下读数。

　　④ 求出公法线长度的平均值及平均值与公称值之差即公法线平均长度偏差。

　　⑤ 根据被测齿轮的图纸要求，查出公法线长度变动公差、齿圈径向跳动公差、齿厚上偏差和下偏差，计算公法线平均长度的上、下偏差。

　　⑥ 测量数据中，公法线长度变动值 ΔF_w 为公法线长度最大值与最小值之差。

四、用齿轮周节检查仪测量齿轮单个齿距偏差和齿距累积误差

1. 测量仪器

　　齿轮周节检查仪是以相对法测量齿轮单个齿距偏差和齿距累积误差的常用量仪，其测量定位基准是齿顶圆。齿轮周节检查仪的结构如图 9-7 所示，被测齿轮模数范围为 2～15mm，量仪指示表的分度值是 0.001mm。

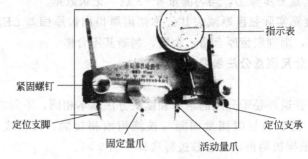

图 9-7　齿轮周节检查仪的结构

2. 测量原理

齿距偏差 f_{pt} 是指在分度圆上，实际齿距与公称齿距之差。以相对法测量 f_{pt} 时，取所有实际齿距的平均值为公称齿距。齿距累积误差 F_{pk} 是指在分度圆上，任意 K 个同侧齿面间的实际弧长与公称弧长的最大差值，即最大齿距累积偏差与最小齿距累积偏差的代数差。齿轮周节检查仪的测量原理如图 9-8 所示，测量时以被测齿轮的齿顶圆为定位基准。

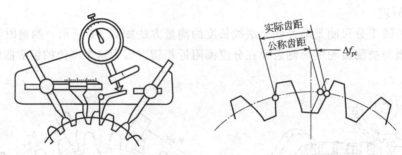

图 9-8　齿轮周节检查仪测量原理示意图

3. 测量步骤

① 调整齿轮周节检查仪的固定量爪。按被测齿轮模数的大小移动固定量爪，使固定量爪上的刻线与量仪上相应模数刻线对齐，并用螺钉固定。

② 调整定位支脚的工作位置。调整定位支脚，使其与齿顶圆接触，并使测头位于分度圆（或齿高中部）附近，然后固定各定位支脚。

③ 测量时，以被测齿轮上任意一个齿距作为基准齿距进行测量，观察指示表数值，然后将测头稍微移开齿轮，再将它们重新接触，经数次反复测量，待示值稳定后，调整指示表使指针对准零位。以此实际齿距作为测量基准，对齿轮逐齿进行测量，量出各实际齿距对测量基准的偏差，将测得的数据逐一记录。

④ 数据处理，完成实习报告。

五、用齿轮基节检查仪测量基节偏差

1. 测量仪器

齿轮基节检查仪用于检验被测齿轮模数为 1~16mm（图 9-9），量仪指示表的范围是 $\pm 0.05mm$。

2. 测量原理

实际基节是指切于基圆柱的平面与相邻同侧齿面交线间的距离，基节偏差 f_{pb} 是指实际基节与公称基节之差，如图 9-10 所示。

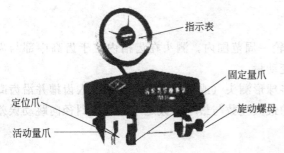

图 9-9　齿轮基节检查仪的结构

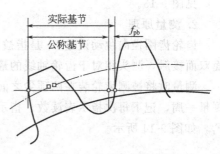

图 9-10　基节偏差示意图

　　基节偏差的测量方法为相对测量法，用等于公称基节的组合量块来校准（在基节仪调零器上进行），如图 9-11 所示。测量时，两测头的工作面均向齿轮，与相邻的齿面接触时两测头之间的距离表示实际基节，如图 9-12 所示。实测与校准两次在指示表上读数之差即为基节偏差。

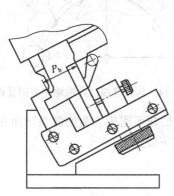

图 9-11　基节仪调零示意图

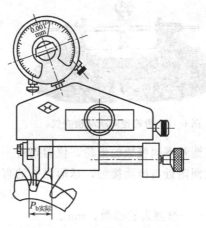

图 9-12　测量基节偏差示意图

　　3. 测量步骤

　　① 计算被测齿轮的公称基节 P_b。

　　② 根据计算值选取量块或组合量块，然后将组合好的量块放在调零器上。

　　③ 转动表壳将表的指针调至指针偏转范围的中心，再将仪器置于调零器的校对块上。松开仪器背面的锁紧螺钉，拧动螺母使固定量爪和活动量爪与校对块贴合，调节螺杆使指示表指针处于零位附近，最后转动表盘的微调螺钉或表壳使指针精确指向零。此时固定量爪与活动量爪之间的距离为基圆齿距的理论值。

　　④ 将仪器的定位爪及固定量爪跨压在被测齿上，活动量爪与另一齿面相接触，将仪器来回摆动，指示表上的转折点即为被测齿轮的基节偏差 f_{ph}。当实际基节大于公称基节时，实际基节偏差为正偏差，当实际基节小于公称基节时，实际基节偏差为负偏差，对一被测齿轮逐齿进行基节偏差的测量，并记录数值。

　　⑤ 取所有读数中绝对值最大的数值作为被测齿轮的基节偏差为 f_{ph}。

　　⑥ 完成测量报告。

　　六、用齿轮径向跳动检查仪测量齿圈径向跳动误差

　　1. 测量仪器

见图 9-13。

2. 测量原理

齿轮齿圈径向跳动误差 F_r 是指被测齿轮一周范围内，测头在齿槽内位于齿高中部与齿面双面接触，测头相对于齿轮轴线的最大变动量。

测量时将被测齿轮装在两顶尖之间，将球形测头（或锥形测头）逐齿放入齿槽并沿齿圈测量一周，记下每次指示表读数，指示表的最大读数与最小读数之差即为齿圈径向跳动误差 F_r，如图 9-14 所示。

图 9-13　齿轮径向跳动检查仪

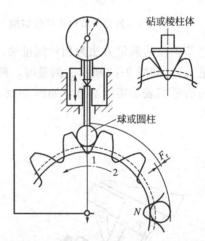

图 9-14　齿轮齿圈径向跳动误差测量原理

为了测量不同模数的齿轮，仪器附有一套不同直径的球形测头。为使测头球面在被测齿轮的分度圆附近与齿面接触，球形测头的直径 d 通常按下式选取：

$$d = 1.68m$$

式中　m——被测齿轮模数，mm。

3. 测量步骤

① 根据被测齿轮的模数选择合适的球形测头装入指示表测量杆的下端。

② 将被测齿轮和心轴装在仪器的两顶尖紧固。

③ 调整滑板位置，使指示表测头位于齿宽的中部。借助于升降调节螺母和提升手柄，使测头位于齿槽内与其双面接触。

④ 调整指表，使指表的指针压缩 1~2 圈，转动指示表的表盘，使指针对准零位，将指示表架背后的紧固旋钮锁紧。

⑤ 逐齿测量一周，记下每一齿指示表的读数。每测一齿，要将指示表测头提离齿面，以免撞坏测头。

⑥ 在所有读数中找出最大读数和最小读数，它们的差值即为齿圈径向跳动误差并与其公差比较做出合格性评定。

⑦ 完成实习报告。

🔵 知识拓展

一、渐开线标准直齿圆柱齿轮各部分名称及代号

渐开线标准直齿圆柱齿轮各部分名称及代号见图 9-15 及表 9-1 所示。

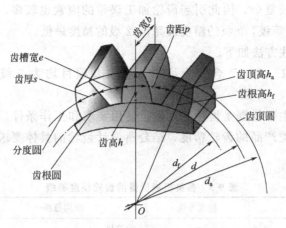

图 9-15 渐开线标准直齿圆柱齿轮

表 9-1 齿轮各部分名称及含义

项目	代号	含　　义
齿顶圆	d_a	通过轮齿顶部的圆周
分度圆	d	通过轮齿根部的圆周
齿根圆	d_f	齿轮上齿厚和齿槽宽相等的圆
齿厚	s	在端平面上，一个齿的两侧端面齿廓之间的分度圆弧长
齿槽宽	e	在端平面上，一个齿槽的两侧端面齿廓之间的分度圆弧长
齿距	p	两个相邻且同侧端面齿廓之间的分度圆弧长
齿宽	b	齿轮的有齿部分沿分度圆圆柱面直母线方向量度的宽度
齿顶高	h_a	齿顶圆与分度圆之间的径向距离
齿根高	h_f	齿根圆与分度圆之间的径向距离
齿高	h	齿顶圆与齿根圆的径向距离

二、渐开线标准直齿圆柱齿轮几何尺寸计算

见表 9-2。

表 9-2 标准直齿圆柱齿轮的几何尺寸计算

名称	计算公式	名称	计算公式
齿形角	标准齿轮为 20°	齿顶高	$h_a=h_a^* m=m$
齿数	由传动比计算确定	齿根高	$h_f=(h_a+c^*)m=1.25m$
模数	根据结构设计、计算确定	齿高	$h=h_a+h_f=2.25m$
齿厚	$e=\dfrac{p}{2}=\dfrac{\pi m}{2}$	分度圆直径	$d=mz$
齿槽宽	$s=\dfrac{p}{2}=\dfrac{\pi m}{2}$	齿顶圆直径	$d_a=d+2h_a=m(z+2)$
齿距	$p=\pi m$	齿根圆直径	$d_f=d-2h_f=m(z-2.5)$
基圆齿距	$p_b=p\cos\alpha=\pi m\cos\alpha$		

三、齿轮精度

1. 精度等级及其选择

齿轮的误差主要来源于组成工艺系统的机床、刀具、夹具和齿轮坯的误差及其安装误

差。由于齿轮的齿形较复杂，因此引起齿轮加工误差的因素也较多。GB10095 对齿轮及齿轮副规定有 13 个精度等级，0 级的精度最高，12 级的精度最低。

齿轮精度等级标注方法如下。

"7 GB/T 10095.1—2001"含义为齿轮各项偏差项目均为 7 级精度，且符合 GB/T 10095.1—2001 要求。

选择精度等级的主要依据是齿轮的用途、使用要求和工作条件，一般有计算法和类比法，类比法是参考同类产品的齿轮精度，结合所设计齿轮的具体要求来确定精度等级（表 9-3）。

表 9-3 各类机械设备的齿轮精度等级

应用范围	精度等级	应用范围	精度等级
测量齿轮	3～5	拖拉机	6～10
汽轮机、减速器	3～6	一般用途的减速器	6～9
金属切削机床	3～8	轧钢设备小齿轮	6～10
内燃机与电动机车	6～7	矿用绞车	8～10
轻型汽车	5～8	起重机构	7～10
重型汽车	6～9	农业机械	8～11
航空发动机	4～7		

2. 齿轮的检验组及选择

按照我国的生产实践及现有生产和检测水平，特推荐以下检验组（表 9-4），以便于设计人员按齿轮使用要求、生产批量和检验设备选取其中一个检验组，来评定齿轮的精度等级。

表 9-4 齿轮检验组及选择

检验组	公差值			适用等级	测量仪器	适用范围
	I	II	III			
1	$\Delta F_i'$	$\Delta f_i'$		3～8	单啮仪、齿向仪	反映转角误差真实，测量效率高，适用于成批生产的齿轮的验收
2	Δf_p	Δf_f 与 Δf_{pb} 或 Δf_f 与 Δf_{pt}		3～8	齿距仪、基节仪（万能测齿仪）、齿向仪、渐开线检查仪	准确度高，适用于中、高精度、磨齿、滚齿、插齿、剃齿的齿轮验收检测或工艺分析与控制
3		Δf_{pb}、Δf_{pt}		9～10	齿距仪、基节仪（万能测齿仪）、齿向仪	适用于精度不高的直齿轮及大尺寸齿轮，或多齿数的滚切齿轮
4	$\Delta F_i''$ ΔF_w	$\Delta F_i''$	Δf_β	6～9	双啮仪、公法线千分尺、齿向仪	接近加工状态，经济性好，适用于大量或成批生产的汽车、拖拉机齿轮
5	ΔF_r ΔF_w	Δf_f 与 Δf_{pb} 或 Δf_f 与 Δf_{pt}		6～8	径向跳动仪、公法线千分尺、渐开线检查仪、基节仪、齿向仪	准确度高，有助于齿轮机床的调整，便于工艺分析。适用于中等精度的磨削齿轮和滚断、插齿、剃齿的齿轮
6		Δf_{pb} Δf_{pt}		9～10	径向跳动仪、公法线千分尺、渐开线检查仪、基节仪、齿向仪	便于工艺分析，适用于中、低精度的齿轮；多齿数滚齿的齿轮
7	ΔF_r	Δf_{pt}		10～12	径向跳动仪、齿距仪	

注：第 III 公差组中的 Δf_β 在不进行接触斑点检验时才用。

加油站

一、齿轮的加工方法

1. 仿形法

仿形法是在普通铣床上用轴向剖面形状与被切齿轮齿槽形状完全相同的铣刀切制齿轮的方法。铣完一个齿槽后，分度头将齿坯转过 $360°/Z$，再铣下一个齿槽，直到铣出所有的齿槽。

2. 展成法

展成法是利用齿轮的啮合原理来进行齿轮加工的方法。加工时刀具与齿坯的运动就像一对相互啮合的齿轮，最后刀具将齿坯切出渐开线齿廓。

二、对齿轮传动的要求

① 传递运动的准确性。齿轮传动应按设计规定的传动比来传递运动，即主动轮转过一个角度时，从动轮应按传动比关系转过一个相应的角度。由于齿轮存在有加工误差和安装误差，实际齿轮传动中要保持恒定的传动比是不可能的，因而使得从动轮的实际转角产生了转角误差。传递运动的准确性就是要求齿轮在运转过程中传动比的变化要小，其最大转角误差应限制在一定范围内。机床的一些传动齿轮对传递运动准确性的精度较高。

② 传动的平稳性。齿轮任一瞬时传动比的变化，将会使从动轮转速发生变化，从而产生瞬时加速度和惯性冲击力，引起齿轮传动中的冲击、振动和噪声。传动的平稳性就是要求齿轮在一转范围内的瞬时传动比变化要小，齿轮转角内的最大转角误差要限制在一定范围内。千分表、机床变速箱等对传动平稳性的要求较高。

③ 载荷分布的均匀性。齿轮要有足够的强度和刚度，以传递较大的动力，并有较长的使用寿命。载荷分布的均匀性是指为了使齿轮传动有较高的承载能力和较长的使用寿命，要求啮合齿面在齿宽与齿高方向上能较全面地接触，使齿面上的载荷分布均匀，避免载荷集中于齿面的一端而造成轮齿折断。重型机械的传动齿轮对此的要求比较偏重。

④ 传动侧隙的合理性。在齿轮传动中，为了储存润滑油，补偿齿轮受力变形和热变形以及齿轮制造和安装误差，相啮合轮齿的非工作面应留有一定的齿侧间隙，否则齿轮传动过程中可能会出现卡死或烧伤的现象。但该侧隙也不能过大，尤其是对于经常需要正反转的传动齿轮，侧隙过大，会产生空程，引起换向冲击。因此，应合理确定侧隙的数值。

为了保证齿轮传动具有较好的工作性能，对上述四个方面均要有一定的要求。但用途和工作条件不同的齿轮，对上述四方面应有不同的侧重。

• 分度齿轮。如对于分度机构、仪器仪表中读数机构的齿轮，齿轮一转中的转角误差不超过 $1'\sim 2'$，甚至是几秒，此时，传递运动准确性是主要的。

• 高速动力齿轮。对于高速、大功率传动装置中用的齿轮，如汽轮机减速器上的齿轮的圆周速度高、传递功率大，其运动精度、工作平稳性精度及接触精度要求都很高，特别是瞬时传动比的变化要求小，以减少振动和噪声。

• 低速重载齿轮。对于轧钢机、起重机、运输机、透平机等低速重载机械，其传递动力大，但圆周速度不高，故齿轮接触精度要求较高，齿侧间隙也应足够大，而对其运动精度则要求不高。

学 后 测 评

简答题

1. 齿轮传动的使用要求有哪些？影响这些使用要求的主要偏差有哪些？它们之间有何区别与联系？

2. 评定齿轮传递运动准确性的指标有哪些？

3. 评定齿轮传动平稳性的指标有哪些？

4. 齿轮精度等级分几级？如何表示？

5. 齿轮精度标准中，合理选择检验组各项目时应考虑哪些问题？

6. 检验公法线平均长度偏差有何作用？

7. 已知某直齿圆柱齿轮中，$m=3mm$，$a=20$，$x=0$，$z=30$，齿轮精度为 8 级，经测量公法线长分别为 32.132，32.104，32.095，32.123，32.116 和 32.120；若公法线要求为 $32.250^{-0.120}_{-0.198}$ 试判断该齿轮公法线变动量 E_{bn} 是否合格？

项目十　高、精测量设备的应用

测量技术的发展与机械加工精度的提高有着密切的关系。随着我国机械工业的发展，高、精检测量设备的应用领域得到逐步扩大，从而有效地解决了传统手工测量中的技术难题，进一步提高了测量效率和测量精度。此外，计算机和量仪的联合使用，可用于控制测量操作程序，实现自动测量。本项目主要学习用于精密测量的光学量仪和三坐标测量机的结构、特点和使用方法。

🔵 知识目标

① 了解工具测绘显微镜的工作原理；
② 熟悉工具测绘显微镜的结构、特点及用途；
③ 了解三坐标测量机的工作原理；
④ 熟悉三坐标测量机的结构与用途。

🔵 能力目标

① 能初步学会使用工具测绘显微镜的操作方法和测量步骤；
② 能对工具测绘显微镜做日常维护与保养；
③ 能初步学会三坐标测量机的操作方法和测量步骤，会进行简单操作；
④ 能对三坐标测量机日常维护与保养。

任务一　工具测绘显微镜的应用

🔵 任务描述

学校工厂生产了一批螺栓（如图 10-1 所示），该螺栓尺寸较小，但精度要求较高，要求对螺纹的外径、中径、螺距、牙型角等参数都要严格进行控制。该批螺栓已经转检测室，请选择合适的检测设备进行测量。

图 10-1　螺栓

图 10-2　工具测绘显微镜

● 任务分析

由于图 10-1 螺栓的螺纹较为精密，螺纹的外径、中径、螺距、牙型角及螺纹牙型等几何要素需要测量，而工具显微镜有不同的放大倍率，便于对微小工件也能做精确的测定，被企业广泛应用。

一、被测零件

二、测量器具

见图 10-2。

● 任务实施

一、正确安装被测零件

让被测零件借助于磁性表座使零件的螺纹轴线与工作台轴向平行，放置在工作台上，如图 10-3 所示。

图 10-3　用磁性表座安装被测零件

二、设置测量条件

1. 选择物镜的倍率

它等同于选择视场 FOV 的大小，一般规律是倍率越大，测量精度越高，但能看到的 FOV 越小。在满足测量精度的前提下，FOV 调到越大测量的效率就越高。如果继续使用上次测量的倍率则可省去。

2. 图像综合质量调整

对于影像测量仪来讲，图像质量的好坏关系到测量的数据质量和精度，在整个测量过程中，图像质量起着至关重要的作用，所以一定要对图像进行调节。图像的质量指图像的亮度、对比度（或反差）、边缘锐度。这三个要素与所使用的物镜、照明图像显示软件模块都有关系。操作方法如下：

将标准片放置于工作台上，首先利用"工具"→"对焦指示器"调节图像的清晰度，将黄色方框置于黑白相间处，如图 10-4 所示，调节 Z 轴，当黄色条纹右下方示值最大时表示此时图像最清晰。

然后利用"工具"→"光源调节指示器"调节上、下光源，将蓝色方框置于全白相间处，如图 10-5 所示，调节光源控制器，当黄色条纹达到蓝色区域表示此时为最佳测量效果。未到蓝色区域或超出蓝色区域均会对测量结果产生误差。

3. 设定比例尺

比例尺是确定图像系统单位像素相当于物体方面多少毫米比例量值。这个量值需要具有很高的精度，否则会给测量带来很大的示值误差。每一次变换物镜倍率后，都要重新设定比例尺，以获得在此倍率下的比例尺。这里介绍最常用的比例标定方式。

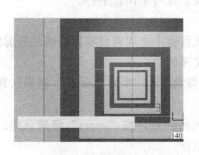

图 10-4 放置黄色方框

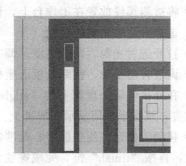

图 10-5 放置蓝色方框

① 将标准片的十字线与软件的十字线重合（图 10-6）。

② 第二步：点击图示 ⚒，即得出比例尺（图 10-7）。

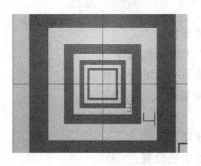

图 10-6 十字纹重合

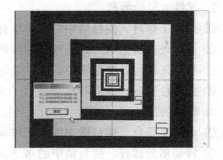

图 10-7 得出比例尺

4. 开始测量工件

当前面三个步骤完成之后，就可以测量实际工件了，当然这里根据不同的情况可以省去一些步骤，例如：一直是在同一倍率下测量，则步骤一在以后测量可省去，相应的步骤三也可省去，因为比例标定的前提是改变了物镜倍率。

实际测量的工件千差万别，为了得到最佳测量效果，仅仅使用"对焦指示器"和"光源调节指示器"往往达不到测量要求，这时可以使用"CCD 设定"→"显示属性"来调整图像质量（图 10-8）。

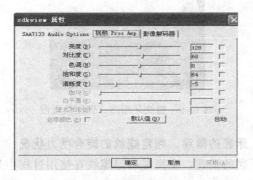

图 10-8 调整图像质量

三、用工具显微镜测量螺纹的牙型角、大径、螺距

1. 螺纹牙型角的测量

① 将被测螺纹放置在工作台上，保证零件的螺纹轴线与工作台平行。

② 选择合适的物镜与目镜。

③ 打开透射光源，调节亮度。调节悬臂高度，从目镜中能观察到零件清晰的轮廓影像。

④ 调节转动手轮，使刻线板上坐标中心对准螺纹牙侧的一点。

⑤ 在外接电脑处理器上按"angle"键（表示测量角度），再按"enter"键确认牙侧一点的位置，该点坐标值显示在屏幕上。

⑥ 移动工作台，使坐标中心对准螺纹同一牙侧的另一点，按"enter"键确认第二个点的位置，再按"finish"键，完成螺纹牙型第一边的测量。

⑦ 按上述操作方法，使坐标中心对准同一牙型的另一侧的某一点，按"enter"键确认螺纹牙型另一侧点的位置坐标。

⑧ 移动工作台，使坐标中心对准螺纹牙型另一侧的第二个点，按"enter"键确认该点的坐标。再按"finish"键完成第二个边的测量，处理器自动计算出牙型的角度。

2. 螺纹大径的测量

① 调节工作台，使目镜中的水平坐标线对齐螺纹牙顶。

② 按下处理器上 X、Y 坐标归零按钮，将 X、Y 坐标全部归零。

③ 移动工作台，使目镜中的水平坐标线对齐螺纹另一边的牙顶线。

④ 找准位置后，处理器自动显示 Y 方向距离，即螺纹大径数值。

3. 螺距的测量

① 调节工作台，使目镜中的水平虚线对齐螺纹牙顶。

② 转动横向螺杆，使目镜中的水平虚线置于螺纹中径位置。

③ 转动纵向螺杆，使刻线板上坐标中心对准螺纹某牙侧的一点，直接按下处理器上 X、Y 坐标归零按钮。

④ 转动纵向螺杆，使牙型纵向移动几个螺距的长度，至刻线板上坐标中心对准螺纹另一同侧牙型，处理器自动显示两牙型之间的距离。

⑤ 将测量数据除以移动的螺距数的所得值即为被测螺纹的螺距。

螺纹牙型角、螺距微观图见图 10-9。

图 10-9　螺纹牙型角、螺距微观图

四、观察螺纹牙顶、牙底的微观，判定螺纹的旋合受力状况

观察螺纹的牙顶与牙底的微观，主要是确定螺纹在使用过程中是否存在受力过大、旋合长度过长等状况，以便在新一批的机器装配中能对螺纹安装的控制力和长度起指导性作用。

观察螺纹牙顶与牙底的微观时，除选择合适的目镜和物镜外，必须采用反射光源。即应打开反射光源，调节亮度，再通过调节悬臂高度，使在目镜中能观察到零件清晰的影像（图 10-10）。

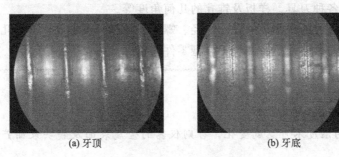

(a) 牙顶　　　　　　　　　　　　　　(b) 牙底

图 10-10　螺纹牙顶与牙底的微观图

五、仪器的维护与保养

① 用完后把工件卸下来，工作台擦干净，关闭电脑，切掉电源；

② 定期在 X 轴、Y 轴丝杆上涂润滑油；

③ 长时间不用时，则需盖上防尘罩。

六、完成测量报告

🔵 **知识拓展** ---

一、工具显微镜的结构

① 工具显微镜是利用光的反射原理所构成的光学杠杆放大作用所制成的精密光学测量仪器，并通过外接数据处理系统，将测量结果反映在显示屏上。

② 工具显微镜主要由主机和外接数据处理系统组成（图 10-11）。其中主机包括目镜、物镜、工作台、底座、立柱、悬臂和光源等。

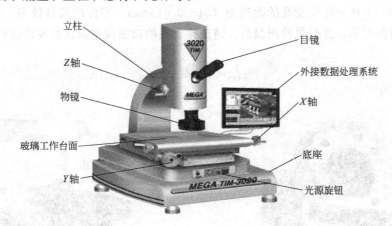

图 10-11　工具测绘显微镜结构

③ 工具显微镜配有很多附件，有各种目镜（如螺纹轮廓目镜、双像目镜、圆弧轮廓目镜等），还有测量刀具、测量孔径用的光学定位器等。

④ 转动 X、Y 向螺杆可使工作台纵、横向移动；Z 轴旋转升降手轮，可使悬臂上下移动。

二、工具显微镜的用途

工具显微镜主要用来测量零件的尺寸、形状和位置误差，它有不同的放大倍率，以便于对微小工件也能做精确的测定。具体测量对象如下。

　　① 测定尺寸：长度、外径、孔径及孔距等。

　　② 测定角度：各种刀具、样板及锥孔的几何角度等。

　　③ 测定螺纹：螺纹的中径、外径、内径、螺距、牙型角及螺纹牙型等几何要素。

　　④ 检定形状：刀具、冲模及凸轮等异型零件的轮廓。

🔵 加油站

工具显微镜的维护与保养

　　① 仪器室的温度不可急剧变化，否则仪器的金属表面及镜头表面产生水雾，进而腐蚀表面。

　　② 不得用手摸光学镜头。

　　③ 在调焦距时一定要注意工件和镜头之间要有一定的距离，不得使工件的镜头相碰。

　　④ 不得用酒精擦拭镜头，镜头要定期用干净的布擦拭。

　　⑤ 使用完后关闭电源开关，放工件的玻璃要保持清洁，在刚使用过后不能马上用酒精擦拭，要等它冷却之后才能擦拭。若长时间不用应盖上防尘罩。

任务二　三坐标测量机的应用

🔵 任务描述

　　某企业委托学校检测室检测一批汽车发动机缸体零件（如图 10-12 所示），主要检测的参数是左上和右下两个定位销孔的距离为 (54±0.01)mm。零件的数目较多，共有 200 件，要求一天内检测完毕，并提供检测报告。请选择合适的检测设备对该批零件进行测量。

图 10-12　汽缸体

图 10-13　三坐标测量机

🔵 任务分析

　　由于该批零件数量较多，检测的时间急，最好是运用自动检测，提高检测效率。用三坐标测量机可以准确、快速地测量圆、圆柱及确定中心和几何尺寸的相对位置，特别适用于测量复杂的汽车外壳、发动机零件等带有空间曲面的零件。

一、被测零件

见图 10-12。

二、测量器具

① 三坐标测量机（图 10-13）。

② 测头系统：MH20i 或 PH10T。

③ 测针：$\phi 4\text{mm} \times 20\text{mm}$。

任务实施

一、打开三坐标测量机

① 打开空压机开关；

② 打开测量机上的压缩空气开关，气压≥0.45MPa；

③ 打开控制柜电源；

④ 打开测头操纵盒电源；

⑤ 启动计算机；

⑥ 操纵盒加电；

⑦ 启动测量 PC-DMIS 软件，机器回零（在 X、Y、Z 三个方向移动测量仪，使其归于绝对坐标零点）；

⑧ 系统进行初始化，计算机进入操作系统界面，可进行正常操作。

二、测量

① 将缸体零件清理干净。

② 安放缸体。利用夹具将缸体放正在工作台上并固定，确保被测销孔的中心与工作台平行，缸体的某一平面与 Y 方向平面平行，如图 10-14 所示。

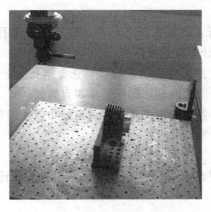

图 10-14 零件的装夹示意图

③ 根据零件的测量要求，选择测量项目。

④ 确定测量基准平面，如图 10-15 所示，通过手动操作面板，移动测头，让测头接触平面，并选择平面上的四点来设定基准平面。

⑤ 根据测量项目确定测量点，对零件进行测量，如图 10-16 所示。

(a) 测四个点定基准平面

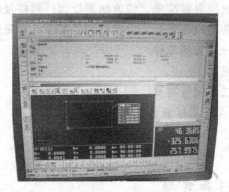
(b) 软件上四个点的数据

图 10-15　确定基准平面

(a) 测量右下角定位销孔

(b) 测量左下角定位销孔

图 10-16　零件上采集数据

- 让测头进入右下角定位销孔内，缓慢操作 Y 方向摇杆，使测头沿 Y 方向移动直至接触销孔内表面，机器发出鸣叫声，即自动将测到的点的三维坐标存入计算机系统内部。

- 缓慢操作 Y 方向摇杆，使测头反方向移动直至接触销孔内表面，机器发出鸣叫声，将测到的点的三维坐标存入计算机系统内部。

- 测头 Y 方向退回，让测头在 Z 方向移动，选择销孔上下两点采集数据。

- 保证测头进入左上角销孔内部，同样采集四点数据。

⑥ 在计算机中调出测量参数的相关模块，点击该功能，读取测量参数值。

⑦ 记录测量结果并判断零件的合格性。

三、测量后

将测量仪回复到初始的位置并锁定，关闭测量软件并关闭计算机，最后关闭气源。

四、完成测量报告

🔵 知识拓展

一、三坐标测量机的结构与用途

1. 结构

三坐标测量机是一个复杂的测量仪器，它主要由主机机械系统（X、Y、Z 三轴或其他）、测头系统、电气控制硬件系统、数据处理系统（测量软件）四部分组成（图 10-17）。

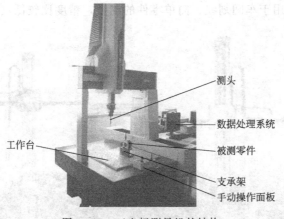

图 10-17　三坐标测量机的结构

2. 类型

（1）按机械结构分

① 龙门式：用于轿车车身等大型机械零部件或产品测量（图 10-18）。

图 10-18　龙门式三坐标测量机

② 桥式：用于复杂零部件的质量检测、产品开发，精度高（图 10-19）。

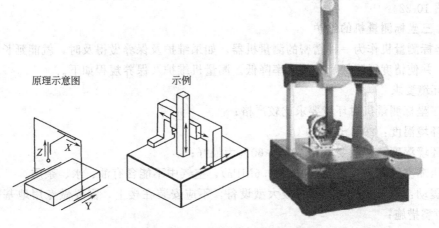

图 10-19　桥式三坐标测量机

③ 悬臂式：主要用于车间划线、简单零件的测量，精度比较低（图 10-20）。

图 10-20　悬臂式三坐标测量机

（2）按驱动方式结构分

① 手动型：手工使其三轴运动来实现采点，价格低廉，但测量精度差；

② 机动型：通过电机驱动来实现采点，但不能实现编程自动测量；

③ 自动型：由计算机控制测量机自动采点，通过编程实现零件自动测量，且精度高。

3. 三坐标测量机用途

可以准确、快速地测量标准几何元素（如线、平面、圆、圆柱等）及确定中心和几何尺寸的相对位置。特别适用于测量复杂的箱体类零件、模具、精密铸件、汽车外壳、发动机零件、凸轮以及飞机形体等带有空间曲面的零件。

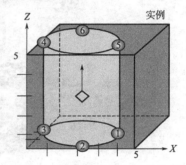

图 10-21　三坐标测量机工作原理

二、三坐标测量机工作原理

将被测物体置于三坐标测量机的测量空间，可获得被测物体上各测量点的坐标值如图 10-21 所示，根据这些点的空间坐标值经过数学运算求出被测物体的几何尺寸，形状和位置公差。

三、三坐标测量机的检测流程

见图 10-22。

四、三坐标测量机的维护

三坐标测量机作为一种精密的测量机器，如果维护及保养做得及时，就能延长机器的使用寿命，并使精度得到保障、故障率降低。测量机维护及保养规程如下。

1. 环境要求

① 三坐标测量机对环境要求比较严格；

② 环境温度：20℃±2℃；

③ 环境湿度：一般要求在 40%～60% 为最好；

④ 压缩空气：输入压力（0.4～0.6MPa），空气中不能含有油、水、杂质；

⑤ 震动：测量机周围不能有较大型设备，不应安装在楼上，需要做专用地基或采用减震器等防震措施；

⑥ 电源：一般使用电源为 220V±10V 50Hz，要有稳压装置或 UPS 电源；

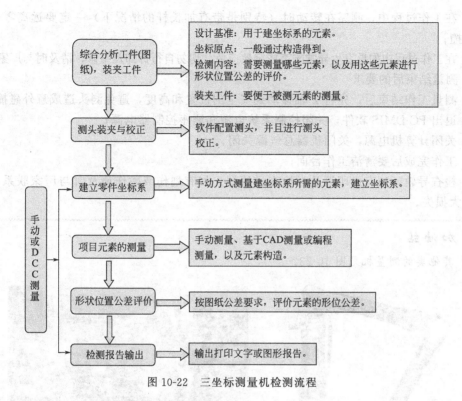

图 10-22　三坐标测量机检测流程

⑦ 单独接地线，接地电阻小于 5Ω，周围没有强电磁干扰。

2. 气源要求

三坐标测量机使用气浮轴承，理论上是永不磨损结构，但是如果气源不干净，有油或水或杂质，就会造成气浮轴承阻塞，严重时会造成气浮轴承和气浮导轨划伤，所以每天要检查机床气源，放水放油；定期清洗过滤器及油水分离器；定期检查机床气源前级空气来源（空气压缩机或集中供气的储气罐）。

3. 导轨清洁要求

① 花岗岩导轨更要定期检查导轨面状况；

② 每次开机前应清洁机器的导轨，用航空汽油擦拭（120 或 180 号汽油）或无水乙醇擦拭；

③ 切记在保养过程中不能给任何导轨上任何性质的油脂。

4. 被测零件的要求

① 被测零件在放到工作台上检测之前，应先清洗去毛刺，防止在加工完成后零件表面残留的冷却液及加工残留物影响测量机的测量精度及测针使用寿命；

② 被测零件在测量之前应在室内恒温，如果温度相差过大就会影响测量精度；

③ 大型及重型零件在放置到工作台上的过程中应轻放，以避免造成剧烈碰撞，致使工作台或零件损伤，必要时可以在工作台上放置一块厚橡胶以防止碰撞；

④ 小型及轻型零件放到工作台后，应紧固后再进行测量，否则会影响测量精度。

5. 操作人员的要求

① 上岗前一定要经过该三坐标测量机厂家的专业操作培训，合格后方可独自操作三坐标测量机；

② 在工作过程中，测座在转动时（特别是带有加长杆的情况下）一定要远离零件，以避免碰撞；

③ 在工作过程中如果发生异常响声或突然应急，切勿自行拆卸及维修，请及时与厂家联系。

6. 测量结束后的要求

① 测量工作结束后，先将 Z 轴移动到安全的位置和高度，避免测头造成意外碰撞；

② 退出 PC-DMIS 软件，关闭控制系统电源和测座控制器电源；

③ 关闭计算机电源，关闭机器总气源关闭；

④ 工作完成后要清洁工作台面；

⑤ 检查导轨，如有水印请及时检查过滤器；如有划伤或碰伤请及时与厂家联系，避免造成更大损失。

🔵 加油站

其他类的测量机见图 10-23。

(a) 关节臂式三坐标测量机

(b) 激光式三坐标测量机

图 10-23　其他测量机

学 后 测 评

1. 使用工具测绘显微镜进行测量的项目有＿＿＿＿＿＿＿＿＿＿＿＿＿＿＿＿＿＿＿＿＿＿＿

＿＿＿＿＿＿＿＿＿＿＿＿＿＿＿＿＿＿＿＿＿＿。

2. 作为精密光学测量仪器，工具测绘显微镜使用时要注意＿＿＿＿＿＿＿＿＿

＿＿＿＿＿＿＿＿＿＿＿＿＿＿＿＿。

3. 判断：工具测绘显微镜只适合测量外螺纹，不能测量内螺纹。（　　）

4. 判断：用工具测绘显微镜测量螺纹大径时必须采用透射光源。（　　）

5. 三坐标测量机主要由＿＿＿＿＿、＿＿＿＿＿、＿＿＿＿＿、＿＿＿＿＿四部分组成。

6. 三坐标测量要采用的测量方法是＿＿＿＿＿。

7. 三坐标测量机作为一种精密的测量仪器，在使用和保养上应注意：＿＿＿＿＿＿

＿＿＿＿＿＿＿＿＿＿＿＿＿＿＿＿＿＿＿＿＿＿＿＿＿＿＿＿＿＿＿＿＿＿＿＿

＿＿＿＿＿＿＿＿。

8. 用三坐标测量机测量任何零件时，被测零件在测量室宜待半小时后方进行测量。（　　）

9. 可用防锈油擦拭来维护三坐标测量机的导轨。（　　）

附 录

基本尺寸 /mm		上 偏 差 es											基本偏				
		所有标准公差等级											IT5 和 IT6	IT7	IT8	IT4 至 IT7	≤IT3 >IT7
大于	至	a	b	c	cd	d	e	ef	f	fg	g	h	js	j			k	
—	3	−270	−140	−60	−34	−20	−14	−10	−6	−4	−2	0		−2	−4	−6	0	0
3	6	−270	−140	−70	−46	−30	−20	−14	−10	−6	−4	0		−2	−4		+1	0
6	10	−280	−150	−80	−56	−40	−25	−18	−13	−8	−5	0		−2	−5		+1	0
10	14	−290	−150	−95		−50	−32		−16		−6	0		−3	−6		+1	0
14	18																	
18	24	−300	−160	−110		−65	−40		−20		−7	0		−4	−8		+2	0
24	30																	
30	40	−310	−170	−120		−80	−50		−25		−9	0		−5	−10		+2	0
40	50	−320	−180	−130														
50	65	−340	−190	−140		−100	−60		−30		−10	0		−7	−12		+2	0
65	80	−360	−200	−150														
80	100	−380	−220	−170		−120	−72		−36		−12	0	偏差 $= \pm \dfrac{\mathrm{IT}n}{2}$，式中 IT$n$ 是 IT 数值	−9	−15		+3	0
100	120	−410	−240	−180														
120	140	−460	−260	−200		−145	−85		−43		−14	0		−11	−18		+3	0
140	160	−520	−280	−210														
160	180	−580	−310	−230														
180	200	−660	−340	−240		−170	−100		−50		−15	0		−13	−21		+4	0
200	225	−740	−380	−260														
225	250	−820	−420	−280														
250	280	−920	−480	−300		−190	−110		−56		−17	0		−16	−26		+4	0
280	315	−1050	−540	−330														
315	355	−1200	−600	−360		−210	−125		−62		−18	0		−18	−28		+4	0
355	400	−1350	−680	−400														
400	450	−1500	−760	−440		−230	−135		−68		−20	0		−20	−32		+5	0
450	500	−1650	−840	−480														

（摘自 GB/T1800.1—2009）　　　　　　　　　　　　　　　　　　　　　μm

差数值

下　偏　差 ei

所有标准公差等级

m	n	p	r	s	t	u	v	x	y	z	za	zb	zc
+2	+4	+6	+10	+14		+18		+20		+26	+32	+40	+60
+4	+8	+12	+15	+19		+23		+28		+35	+42	+50	+80
+6	+10	+15	+19	+23		+28		+34		+42	+52	+67	+97
+7	+12	+18	+23	+28		+33		+40		+50	+64	+90	+130
							+39	+45		+60	+77	+108	+150
+8	+15	+22	+28	+35		+41	+47	+54	+63	+73	+98	+136	+188
					+41	+48	+55	+64	+75	+88	+118	+160	+218
+9	+17	+26	+34	+43	+48	+60	+68	+80	+94	+112	+148	+200	+274
					+54	+70	+81	+97	+114	+136	+180	+242	+325
+11	+20	+32	+41	+53	+66	+87	+102	+122	+144	+172	+226	+300	+405
			+43	+59	+75	+102	+120	+146	+174	+210	+274	+360	+480
+13	+23	+37	+51	+71	+91	+124	+146	+178	+214	+258	+335	+445	+585
			+54	+79	+104	+144	+172	+210	+254	+310	+400	+525	+690
+15	+27	+43	+63	+92	+122	+170	+202	+248	+300	+365	+470	+620	+800
			+65	+100	+134	+190	+228	+280	+340	+415	+535	+700	+900
			+68	+108	+146	+210	+252	+310	+380	+465	+600	+780	+1000
+17	+31	+50	+77	+122	+166	+236	+284	+350	+425	+520	+670	+880	+1150
			+80	+130	+180	+258	+310	+385	+470	+575	+740	+960	+1250
			+84	+140	+196	+284	+340	+425	+520	+640	+820	+1050	+1350
+20	+34	+56	+94	+158	+218	+315	+385	+475	+580	+710	+920	+1200	+1550
			+98	+170	+240	+350	+425	+525	+650	+790	+1000	+1300	+1700
+21	+37	+62	+108	+190	+268	+390	+475	+590	+730	+900	+1150	+1500	+1900
			+114	+208	+294	+435	+530	+660	+820	+1000	+1300	+1650	+2100
+23	+40	+68	+126	+232	+330	+490	+595	+740	+920	+1100	+1450	+1850	+2400
			+132	+252	+360	+540	+660	+820	+1000	+1250	+1600	+2100	+2600

附表 2　孔的基本偏差

基本偏

基本尺寸 /mm		下偏差 EI												基本偏						
		所有标准公差等级												IT6	IT7	IT8	≤IT8	>IT8	≤IT8	>IT8
大于	至	A	B	C	CD	D	E	EF	F	FG	G	H	JS	J			K		M	
—	3	+270	+140	+60	+34	+20	+14	+10	+6	+4	+2	0		+2	+4	+6	0	0	−2	−2
3	6	+270	+140	+70	+46	+30	+20	+14	+10	+6	+4	0		+5	+6	+10	−1+Δ		−4+Δ	−4
6	10	+280	+150	+80	+56	+40	+25	+18	+13	+8	+5	0		+5	+8	+12	−1+Δ		−6+Δ	−6
10	14	+290	+150	+95		+50	+32		+16		+6	0		+6	+10	+15	−1+Δ		−7+Δ	−7
14	18																			
18	24	+300	+160	+110		+65	+40		+20		+7	0		+8	+12	+20	−2+Δ		−8+Δ	−8
24	30																			
30	40	+310	+170	+120		+80	+50		+25		+9	0	偏差 = ±ITn/2, 式中 ITn是 IT 数值	+10	+14	+24	−2+Δ		−9+Δ	−9
40	50	+320	+180	+130																
50	65	+340	+190	+140		+100	+60		+30		+10	0		+13	+18	+28	−2+Δ		−11+Δ	−11
65	80	+360	+200	+150																
80	100	+380	+220	+170		+120	+72		+36		+12	0		+16	+22	+34	−3+Δ		−13+Δ	−13
100	120	+410	+240	+180																
120	140	+460	+260	+200		+145	+85		+43		+14	0		+18	+26	+41	−3+Δ		−15+Δ	−15
140	160	+520	+280	+210																
160	180	+580	+310	+230																
180	200	+660	+340	+240		+170	+100		+50		+15	0		+22	+30	+47	−4+Δ		−17+Δ	−17
200	225	+740	+380	+260																
225	250	+820	+420	+280																
250	280	+920	+480	+300		+190	+110		+56		+17	0		+25	+36	+55	−4+Δ		−20+Δ	−20
280	315	+1050	+540	+330																
315	355	+1200	+600	+360		+210	+125		+62		+18	0		+29	+39	+60	−4+Δ		−21+Δ	−21
355	400	+1350	+680	+400																
400	450	+1500	+760	+440		+230	+135		+68		+20	0		+33	+43	+66	−5+Δ		−23+Δ	−23
450	500	+1650	+840	+480																

数值（D≤500mm）（摘自 GB/T 1800.1—2009）　　　　μm

差数值 / Δ 值

上 偏 差 ES

≤IT8	>IT8	≤IT7													标准公差等级					
N		P 至 ZC	P	R	S	T	U	V	X	Y	Z	ZA	ZB	ZC	IT3	IT4	IT5	IT6	IT7	IT8
−4	−4		−6	−10	−14		−18		−20		−26	−32	−40	−60	0	0	0	0	0	0
−8+Δ	0		−12	−15	−19		−23		−28		−35	−42	−50	−80	1	1.5	1	3	4	6
−10+Δ	0		−15	−19	−23		−28		−34		−42	−52	−67	−97	1	1.5	2	3	6	7
−12+Δ	0		−18	−23	−28		−33		−40		−50	−64	−90	−130	1	2	3	3	7	9
								−39	−45		−60	−77	−108	−150						
−15+Δ	0		−22	−28	−35	−41	−47	−54	−63		−73	−98	−136	−188	1.5	2	3	4	8	12
						−41	−48	−55	−64	−75	−88	−118	−160	−218						
−17+Δ	0	在	−26	−34	−43	−48	−60	−68	−80	−94	−112	−148	−200	−274	1.5	3	4	5	9	14
		大				−54	−70	−81	−97	−114	−136	−180	−242	−325						
−20+Δ	0	于	−32	−41	−53	−66	−87	−102	−122	−144	−172	−226	−300	−405	2	3	5	6	11	16
		IT7		−43	−59	−75	−102	−120	−146	−174	−210	−274	−360	−480						
−23+Δ	0	的	−37	−51	−71	−91	−124	−146	−178	−214	−258	−335	−445	−585	2	4	5	7	13	19
		相		−54	−79	−104	−144	−172	−210	−254	−310	−400	−525	−690						
−27+Δ	0	应	−43	−63	−92	−122	−170	−202	−248	−300	−365	−470	−620	−800	3	4	6	7	15	23
		数		−65	−100	−134	−190	−228	−280	−340	−415	−535	−700	−900						
		值		−68	−108	−146	−210	−252	−310	−380	−465	−600	−780	−1000						
−31+Δ	0	上	−50	−77	−122	−166	−236	−284	−350	−425	−520	−670	−880	−1150	3	4	6	9	17	26
		增		−80	−130	−180	−258	−310	−385	−470	−575	−740	−960	−1250						
		加		−84	−140	−196	−284	−340	−425	−520	−640	−820	−1050	−1350						
−34+Δ	0	一	−56	−94	−158	−218	−315	−385	−475	−580	−710	−920	−1200	−1550	4	4	7	9	20	29
		个		−98	−170	−240	−350	−425	−525	−650	−790	−1000	−1300	−1700						
−37+Δ	0	Δ	−62	−108	−190	−268	−390	−475	−590	−730	−900	−1150	−1500	−1900	4	5	7	11	21	32
		值		−114	−208	−294	−435	−530	−660	−820	−1000	−1300	−1650	−2100						
−40+Δ	0		−68	−126	−232	−330	−490	−595	−740	−920	−1100	−1450	−1850	−2400	5	5	7	13	23	34
				−132	−252	−360	−540	−660	−820	−1000	−1250	−1600	−2100	−2600						

附表3　普通螺纹极限偏差（GB/T 2516—2003）　　　　μm

基本大径 /mm >	≤	螺距 /mm	内螺纹 中径 公差带	ES	EI	内螺纹 小径 ES	EI	外螺纹 公差带	中径 es	ei	大径 es	ei	小径 用于计算应力的偏差
2.8	5.6	0.75	—	—	—	—	—	3h4h	0	−45	0	−90	−108
			4H	+75	0	+118	0	4h	0	−56	0	−90	−108
			5G	+117	+22	+172	+22	5g6g	−22	−93	−22	−162	−130
			5H	+95	0	+150	0	5h4h	0	−71	0	−90	−108
			—	—	—	—	—	5h6h	0	−71	0	−140	−108
			—	—	—	—	—	6e	−56	−146	−56	−196	−164
			—	—	—	—	—	6f	−38	−128	−38	−178	−146
			6G	+140	+22	+212	+22	6g	−22	−112	−22	−162	−130
			6H	+118	0	+190	0	6h	0	−90	0	−104	−108
			—	—	—	—	—	7e6e	−56	−168	−56	−196	−164
			7G	+172	+22	+258	+22	7g6g	−22	−134	−22	−162	−130
			7H	+150	0	+236	0	7h6h	0	−112	0	−140	−108
			8G	—	—	—	—	8g	—	—	—	—	—
			8H	—	—	—	—	9g8g	—	—	—	—	—
		0.8	—	—	—	—	—	3h4h	0	−48	0	−95	−115
			4H	+80	0	+125	0	4h	0	−60	0	−95	−115
			5G	+124	+24	+184	+24	5g5g	−24	−99	−24	−174	−140
			5H	+100	0	+160	0	5h4h	0	−75	0	−95	−115
			—	—	—	—	—	5h6h	0	−75	0	−150	−115
			—	—	—	—	—	6e	−60	−155	−60	−210	−176
			—	+149	—	—	—	6f	−38	−133	−38	−188	−153
			6G	+125	+24	+224	+24	6g	−24	−119	−24	−174	−140
			6H	—	0	+200	—	6h	0	−95	0	−150	−115
			—	+184	—	—	—	7e6e	−60	−178	−60	−210	−176
			7G	+160	+24	+274	+24	7g6g	−24	−142	−24	−174	−140
			7H	+224	0	+260	0	7h6h	0	−118	0	−150	−115
			8G	+200	+24	+339	+24	8g	−24	−174	−24	−260	−140
			8H	—	0	+315	0	9g8g	−24	−214	−24	−260	−140
5.6	11.2	0.75	—	—	—	—	—	3h4h	0	−50	0	−90	−108
			4H	+85	0	+118	0	4h	0	−63	0	−90	−108
			5G	+128	+22	+172	+22	5g6g	−22	−102	−22	−162	−130
			5H	+106	0	+150	0	5h4h	0	−80	0	−90	−108
			—	—	—	—	—	5h6h	0	−80	0	−140	−108
			—	—	—	—	—	6e	−56	−156	−56	−196	−164
			—	—	—	—	—	6f	−38	−138	−38	−178	−146
			6G	+154	+22	+212	+22	6g	−22	−122	−22	−162	−130
			6H	+132	0	+190	0	6h	0	−100	0	−140	−108
			—	—	—	—	—	7e6e	−56	−181	−56	−196	−164
			7G	+192	+22	+258	+22	7g6g	−22	−147	−22	−162	−130
			7H	+170	0	+236	0	7h6h	0	−125	0	−140	−108
			8G	—	—	—	—	8g	—	—	—	—	—
			8H	—	—	—	—	9g8g	—	—	—	—	—

续表

基本大径 /mm		螺距 /mm	内螺纹					外螺纹					
			公差带	中径		小径		公差带	中径		大径		小径
>	≤			ES	EI	ES	EI		es	ei	es	ei	用于计算应力的偏差
			—	—	—	—	—	3h4h	0	−56	0	−112	−144
			4H	+95	0	+150	0	4h	0	−71	0	−112	−144
			5G	+144	+26	+216	+26	5g6g	−26	−116	−26	−206	−170
			5H	+118	0	+190	0	5h4h	0	−90	0	−112	−144
			—	—	—	—	—	5h6h	0	−90	0	−180	−144
			—	—	—	—	—	6e	−60	−172	−60	−240	−204
		1	—	—	—	—	—	6f	−40	−152	−40	−220	−184
			6G	+176	+26	+262	+26	6g	−26	−138	−26	−206	−170
			6H	+150	0	+236	0	6h	0	−112	0	−180	−144
			—	—	—	—	—	7e6e	−60	−200	−60	−240	−204
			7G	+216	+26	+326	+26	7g6g	−26	−166	−26	−206	−170
			7H	+190	0	+300	0	7h6h	0	−140	0	−180	−144
			8G	+262	+26	+401	+26	8g	−26	−206	−26	−306	−170
			8H	+236	0	+375	0	9g8g	−26	−250	−26	−306	−170
			—	—	—	—	—	3h4h	0	−60	0	−132	−180
			4H	+100	0	+170	0	4h	0	−75	0	−132	−180
			5G	+153	+28	+240	+28	5g6g	−28	−123	−28	−240	−208
			5H	+125	0	+212	0	5h4h	0	−95	0	−132	−180
			—	—	—	—	—	5h6h	0	−95	0	−212	−180
			—	—	—	—	—	6e	−63	−181	−63	−275	−243
5.6	11.2	1.25	—	—	—	—	—	6f	−42	−160	−42	−254	−222
			6G	+188	+28	+293	+28	6g	−28	−146	−28	−240	−208
			6H	+160	0	+265	0	6h	0	−118	0	−212	−180
			—	—	—	—	—	7e6e	−63	−213	−63	−275	−243
			7G	+228	+28	+363	+28	7g6g	−28	−178	−28	−240	−208
			7H	+200	0	+335	0	7h6h	0	−150	0	−212	−180
			8G	+278	+28	+453	+28	8g	−28	−218	−28	−363	−208
			8H	+250	0	+425	0	9g8g	−28	−264	−28	−363	−208
			—	—	—	—	—	3h4h	0	−67	0	−150	−217
			4H	+112	0	+190	0	4h	0	−85	0	−150	−217
			5G	+172	+32	+268	+32	5g6g	−32	−138	−32	−268	−249
			5H	+140	0	+236	0	5h4h	0	−106	0	−150	−217
			—	—	—	—	—	5h6h	0	−106	0	−236	−217
			—	—	—	—	—	6e	−67	−199	−67	−303	−284
			—	—	—	—	—	6f	−45	−177	−45	−281	−262
		1.5	6G	+212	+32	+332	+32	6g	−32	−164	−32	−268	−249
			6H	+180	0	+300	0	6h	0	−132	0	−236	−217
			—	—	—	—	—	7e6e	−67	−237	−67	−303	−284
			7G	+256	+32	+407	+32	7g6g	−32	−202	−32	−268	−249
			7H	+224	0	+375	0	7h6h	0	−170	0	−236	−217
			8G	+312	+32	+507	+32	8g	−32	−244	−32	−407	−249
			8H	+280	0	+475	0	9g8g	−32	−297	−32	−407	−249

续表

基本大径 /mm		螺距 /mm	内螺纹				外螺纹					
			公差带	中径		小径		公差带	中径		大径		小径
>	≤			ES	EI	ES	EI		es	ei	es	ei	用于计算应力的偏差
		1	—	—	—	—	—	3h4h	0	−60	0	−112	−144
			4H	+100	0	+150	0	4h	0	−75	0	−112	−144
			5G	+151	+26	+216	+26	5g6g	−26	−121	−26	−206	−170
			5H	+125	0	+190	0	5h4h	0	−95	0	−112	−144
			—	—	—	—	—	5h6h	0	−95	0	−180	−144
			—	—	—	—	—	6e	−60	−178	−60	−240	−204
			—	—	—	—	—	6f	−40	−158	−40	−220	−184
			6G	+186	+26	+262	+26	6g	−26	−144	−26	−206	−170
			6H	+160	0	+236	0	6h	0	−118	0	−180	−144
			—	—	—	—	—	7e6e	−60	−210	−60	−240	−204
			7G	+226	+26	+326	+26	7g6g	−26	−176	−26	−206	−170
			7H	+200	0	+300	0	7h6h	0	−150	0	−180	−144
			8G	+276	+26	+401	+26	8g	−26	−216	−26	−306	−170
			8H	+250	0	+375	0	9g8g	−26	−262	−26	−306	−170
11.2	22.4	1.25	—	—	—	—	—	3h4h	0	−67	0	−132	−180
			4H	+112	0	+170	0	4h	0	−85	0	−132	−180
			5G	+168	+28	+240	+28	5g6g	−28	−134	−28	−240	−208
			5H	+140	0	+212	0	5h4h	0	−106	0	−132	−180
			—	—	—	—	—	5h6h	0	−106	0	−212	−180
			—	—	—	—	—	6e	−63	−155	−63	−275	−243
			—	—	—	—	—	6f	−42	−174	−42	−254	−222
			6G	+208	+28	+293	+28	6g	−28	−160	−28	−240	−208
			6H	+180	0	+265	0	6h	0	−132	0	−212	−180
			—	—	—	—	—	7e6e	−63	−233	−63	−275	−243
			7G	+252	+28	+363	+28	7g6g	−28	−198	−28	−240	−208
			7H	+224	0	+335	0	7h6h	0	−170	0	−212	−180
			8G	+308	+28	+453	+28	8g	−28	−240	−28	−363	−208
			8H	+280	0	+435	0	9g8g	−28	−293	−28	−363	−208
		1.5	—	—	—	—	—	3h4h	0	−71	0	−150	−217
			4H	+116	0	+190	0	4h	0	−90	0	−150	−217
			5G	+182	+32	+268	+32	5g6g	−32	−144	−32	−268	−249
			5H	+150	0	+236	0	5h4h	0	−112	0	−150	−217
			—	—	—	—	—	5h6h	0	−112	0	−236	−217
			—	—	—	—	—	6e	−67	−207	−67	−303	−284
			—	—	—	—	—	6f	−45	−185	−45	−281	−262
			6G	+222	+32	+338	+32	6g	−32	−172	−32	−268	−249
			6H	+190	0	+300	0	6h	0	−140	0	−236	−217
			—	—	—	—	—	7e6e	−67	−247	−67	−303	−284
			7G	+268	+32	+407	+32	7g6g	−32	−212	−32	−268	−249
			7H	+236	0	+375	0	7h6h	0	−180	0	−236	−217
			8G	+332	+32	+507	+32	8g	−32	−256	−32	−407	−249
			8H	+300	0	+475	0	9g8g	−32	−312	−32	−407	−249

基本大径 /mm		螺距 /mm	内螺纹				外螺纹					
			公差带	中径		小径		公差带	中径		大径		小径
>	≤			ES	EI	ES	EI		es	ei	es	ei	用于计算应力的偏差
		1.75	—	—	—	—	—	3h4h	0	-75	0	-170	-253
			4H	+125	0	+212	0	4h	0	-95	0	-170	-253
			5G	+194	+34	+299	+34	5g6g	-34	-152	-34	-299	-287
			5H	+160	0	+265	0	5h4h	0	-118	0	-170	-253
			—	—	—	—	—	5h6h	0	-118	0	-265	-253
			—	—	—	—	—	6e	-71	-221	-71	-336	-324
			—	—	—	—	—	6f	-48	-198	-48	-313	-301
			6G	+234	+34	+369	+34	6g	-34	-184	-34	-299	-287
			6H	+200	0	+335	0	6h	0	-150	0	-265	-253
			—	—	—	—	—	7e6e	-71	-261	-71	-336	-324
			7G	+284	+34	+459	+34	7g6g	-34	-224	-34	-299	-287
			7H	+250	0	+425	0	7h6h	0	-190	0	-265	-253
			8G	+349	+34	+564	+34	8g	-34	-270	-34	-459	-287
			8H	+315	0	+530	0	9g8g	-34	-334	-34	-459	-287
11.2	22.4	2	—	—	—	—	—	3h4h	0	-80	0	-180	-289
			4H	+132	0	+236	0	4h	0	-100	0	-180	-289
			5G	+208	+38	+338	+38	5g6g	-38	-163	-38	-318	-327
			5H	+170	0	+300	0	5h4h	0	-125	0	-180	-289
			—	—	—	—	—	5h6h	0	-125	0	-280	-289
			—	—	—	—	—	6e	-71	-231	-71	-351	-360
			—	—	—	—	—	6f	-52	-212	-82	-332	-341
			6G	+250	+38	+413	+38	6g	-38	-198	-38	-318	-327
			6H	+212	0	+375	0	6h	0	-160	0	-280	-289
			—	—	—	—	—	7e6e	-71	-271	-71	-351	-360
			7G	+303	+38	+513	+38	7g6g	-38	-238	-38	-318	-327
			7H	+265	0	+475	0	7h6h	0	-200	0	-280	-289
			8G	+373	+38	+638	+38	8g	-38	-288	-38	-488	-327
			8H	+335	0	+600	0	9g8g	-38	-353	-38	-448	-327
		2.5	—	—	—	—	—	3h4h	0	-85	0	-212	-361
			4H	+140	0	+280	0	4h	0	-106	0	-212	-361
			5G	+222	+42	+397	+42	5g6g	-42	-174	-42	-377	-403
			5H	+180	0	+355	0	5h4h	0	-132	0	-212	-361
			—	—	—	—	—	5h6h	0	-132	0	-335	-361
			—	—	—	—	—	6e	-80	-250	-80	-415	-441
			—	—	—	—	—	6f	-58	-228	-58	-393	-419
			6G	+266	+42	+492	+42	6g	-42	-212	-42	-377	-403
			6H	+224	0	+450	0	6h	0	-170	0	-335	-361
			—	—	—	—	—	7e6e	-80	292	-80	-415	-441
			7G	+322	+42	+602	+42	7g6g	-42	-254	-42	-377	-403
			7H	+280	0	+560	0	7h6h	0	-212	0	-335	-361
			8G	+397	+42	+752	+42	8g	-42	-307	-42	-572	-403
			8H	+355	0	+710	0	9g8g	-42	-377	-42	-572	-403

基本大径 /mm >	基本大径 /mm ≤	螺距 /mm	内螺纹 公差带	内螺纹 中径 ES	内螺纹 中径 EI	内螺纹 小径 ES	内螺纹 小径 EI	外螺纹 公差带	外螺纹 中径 es	外螺纹 中径 ei	外螺纹 大径 es	外螺纹 大径 ei	外螺纹 小径 用于计算应力的偏差
22.4	45	1	—	—	—	—	—	3h4h	0	−63	0	−112	−144
			4H	+106	0	+150	0	4h	0	−80	0	−112	−144
			5G	+158	+26	+218	+26	5g6g	−26	−126	−26	−206	−170
			5H	+132	0	+100	0	5h4h	0	−100	0	−112	−144
			—	—	—	—	—	5h6h	0	−100	0	−180	−144
			—	—	—	—	—	6e	−60	−185	−60	−240	−204
			—	—	—	—	—	6f	−40	−165	−40	−220	−184
			6G	+196	+26	+262	+26	6g	−26	−151	−26	−206	−170
			6H	+170	0	+236	0	6h	0	−126	0	−180	144
			—	—	—	—	—	7e6e	−60	−220	−60	−240	−204
			7G	+238	+26	+326	+26	7g6g	−26	−186	−26	−206	−170
			7H	+212	0	+300	0	7h6h	0	−160	0	−180	−144
			8G	—	—	—	—	8g	−26	−226	−26	−306	−170
			8H	—	—	—	—	9g8g	−26	−276	−26	−306	−170
		1.5	—	—	—	—	—	3h4h	0	−75	0	−150	−217
			4H	+125	0	+190	0	4h	0	−95	0	−150	−217
			5G	+192	+32	+268	+32	5g6g	−32	−150	−32	−268	−249
			5H	+160	0	+236	0	5h4h	0	−118	0	−150	−217
			—	—	—	—	—	5h6h	0	−118	0	−236	−217
			—	—	—	—	—	6e	−67	−217	−67	−303	−284
			—	—	—	—	—	6f	−45	−195	−45	−281	−262
			6G	+232	+32	+332	+32	6g	−32	−183	−32	−268	−249
			6H	+200	0	+300	0	6h	0	−150	0	−236	−217
			—	—	—	—	—	7e6e	−67	−257	−67	−303	−284
			7G	+282	+32	+407	+32	7g6g	−32	−222	−32	−268	−249
			7H	+250	0	+375	0	7h6h	0	−190	0	−236	−217
			8G	+347	+32	+507	+32	8g	−32	−288	−32	−407	−249
			8H	+315	0	+475	0	9g8g	−32	−332	−32	−407	−249
		2	—	—	—	—	—	3h4h	0	−85	0	−180	−289
			4H	+140	0	+236	0	4h	0	−106	0	−180	−289
			5G	+218	+38	+338	+38	5g6g	−38	−170	−38	−318	−327
			5H	+180	0	+300	0	5h4h	0	−132	0	−180	−289
			—	—	—	—	—	5h6h	0	−132	0	−280	−289
			—	—	—	—	—	6e	−71	−241	−71	−351	−360
			—	—	—	—	—	6f	−52	−222	−52	−332	−341
			6G	+262	+38	+413	+38	6g	−38	−208	−38	−318	−327
			6H	+224	0	+375	0	6h	0	−170	0	−280	−289
			—	—	—	—	—	7e6e	−71	−283	−71	−351	−360
			7G	+318	+38	+513	+38	7g6g	−38	−250	−38	−318	−327
			7H	+280	0	+475	0	7h6h	0	−212	0	−280	−289
			8G	+393	+38	+638	+38	8g	−38	−307	−38	−488	−327
			8H	+355	0	+600	0	9g8g	−38	−373	−38	−488	−327

续表

基本大径/mm		螺距/mm	内螺纹				外螺纹					
			公差带	中径		小径		公差带	中径		大径		小径
>	≤			ES	EI	ES	EI		es	ei	es	ei	用于计算应力的偏差
		3	—	—	—	—	—	3h4h	0	-100	0	-236	-433
			4H	+170	0	+315	0	4h	0	-125	0	-236	-433
			5G	+260	+48	+448	+48	5g6g	-48	-208	-48	-423	-481
			5H	+212	0	+400	0	5h4h	0	-160	0	-236	-433
			—	—	—	—	—	5h6h	0	-160	0	-375	-433
			—	—	—	—	—	6e	-85	-285	-85	-460	-518
			—	—	—	—	—	6f	-63	-263	-63	-438	-496
			6G	+313	+48	+548	+48	6g	-48	-248	-48	-423	-481
			6H	+265	0	+500	0	6h	0	-200	0	-375	-433
			—	—	—	—	—	7e6e	-85	-335	-85	-460	-518
			7G	+383	+48	+678	+48	7g6g	-48	-298	-48	-423	-481
			7H	+335	0	+630	0	7h6h	0	-250	0	-375	-433
			8G	+473	+48	+648	+48	8g	-48	-363	-48	-648	-481
			8H	+425	0	+800	0	9g8g	-48	-448	-48	-648	-481
22.4	45	3.5	—	—	—	—	—	3h4h	0	-106	0	-265	-505
			4H	+180	0	+356	0	4h	0	-132	0	-265	-505
			5G	+277	+53	+503	+53	5g6g	-53	-223	-53	-478	-558
			5H	+224	0	+450	0	5h4h	0	-170	0	-265	-505
			—	—	—	—	—	5h6h	0	-170	0	-425	-505
			—	—	—	—	—	6e	-90	-302	-90	-515	-595
			—	—	—	—	—	6f	-70	-282	-70	-495	-575
			6G	+333	+53	+613	+53	6g	-53	-265	-63	-478	-558
			6H	+280	0	+560	0	6h	0	-212	0	-425	-505
			—	—	—	—	—	7e6e	-90	-355	-90	-515	-595
			7G	+408	+53	+763	+53	7g6g	-53	-318	-53	-478	-558
			7H	355	0	+710	0	7h6h	0	-265	0	-425	-505
			8G	+503	+53	+953	+53	8g	-53	-388	-53	-723	-558
			8H	+450	0	+900	0	9g8g	-53	-478	-53	-723	-558
		4	—	—	—	—	—	3h4h	0	-112	0	-300	-577
			4H	+190	0	+375	0	4h	0	-140	0	-300	-577
			5G	+296	+60	535	+60	5g6g	-60	-240	-60	-535	-637
			5H	+236	0	+475	0	5h4h	0	-180	0	-300	-577
			—	—	—	—	—	5h6h	0	-180	0	-475	-577
			—	—	—	—	—	6e	-95	-319	-95	-570	-672
			—	—	—	—	—	6f	-75	-299	-75	-550	-652
			6G	+360	+60	+660	+60	6g	-60	-284	-60	-535	-637
			6H	+300	0	+600	0	6h	0	-224	0	-475	-577
			—	—	—	—	—	7e6e	-95	-375	-95	-570	-672
			7G	+435	+60	+810	+60	7g6g	-60	-340	-60	-535	-637
			7H	+375	0	+750	0	7h6h	0	-280	0	-475	-577
			8G	+535	+60	+1010	+60	8g	-60	-415	-60	-810	-637
			8H	+475	0	+950	0	9g8g	-60	-510	-60	-810	-637

参 考 文 献

[1] 梅荣娣主编. 公差配合与技术测量. 江苏：江苏教育出版社，2009.

[2] 劳动和社会保障部教材办公室. 极限配合与技术测量基础. 第3版. 北京：中国劳动社会保障出版社，2007.

[3] 何兆凤主编. 公差配合与测量. 北京：机械工业出版社，2006.

[4] 朱超，段玲主编. 互换性与零件几何量检测. 北京：清华大学出版社，2009.

[5] 人力资源和社会保障部教材办公室. 极限配合与技术测量基础（少学时）. 北京：中国劳动社会保障出版社，2012.

[6] 张彩霞，赵正文主编. 图解机械测量入门100例. 北京：化学工业出版社，2011.

[7] 易宏彬主编. 机械产品检测与质量控制. 北京：化学工业出版社，2011.

[8] 朱士忠主编. 精密测量技术常识. 第2版. 北京：电子工业出版社，2009.

[9] 刘越主编. 公差配合与技术测量. 北京：化学工业出版社，2004.

[10] 黄云清主编. 公差配合与测量技术. 第2版. 北京：机械工业出版社，2010.

[11] 张秀珍主编. 机械加工质量控制与检测. 北京：北京大学出版社，2008.

[12] 姚云英主编. 公差配合与测量技术. 第2版. 北京：机械工业出版社，2011.

[13] 阮喜珍主编. 现代管理质量实务. 武汉：武汉大学出版社，2009.

[14] 熊建武，张华主编. 机械零件的公差配合与测量. 大连：大连理工大学出版社，2010.

[15] 全国技术产品文件标准化技术委员会，中国标准出版社第三编辑室. 技术产品文件标准汇编. 机械制图卷. 第2版. 北京：中国标准出版社，2009.

[16] 李华森等编写. 产品质量检验监管统计技术. 北京：中国标准出版社，2008.

[17] 徐茂功主编. 公差配合与技术测量. 第3版. 北京：机械工业出版社，2008.

[18] 张凤英主编. 质量管理与控制. 北京：机械工业出版社，2006.